# Kennst du diese
# Dinosaurier

David Norman



Illustrationen von Bob Hersey
Deutsche Fassung von
Hans Joachim Conert

Otto Maier Ravensburg

# Inhalt

Hinweis zum Autor: David Norman ist Dozent für Zoologie an der Universität London



Deutsche Erstausgabe
als Ravensburger Taschenbuch Band 706,
erschienen 1981

Die Originalausgabe erschien im Verlag Usborne Publishing Ltd., London unter dem Titel „Spotter's Guide to Dinosaurs & other prehistoric animals"





Gestaltung: Ruth Thomson
Zusätzliche Illustrationen:
Cloud Nine Design und Andy Martin
Umschlag: Graphisches Atelier,
Otto Maier Verlag, unter Verwendung des Umschlags der Originalausgabe





Printed in Italy

15 14 13 12 11 97 96 95 94 93

ISBN 3-473-38706-1

# Einleitung

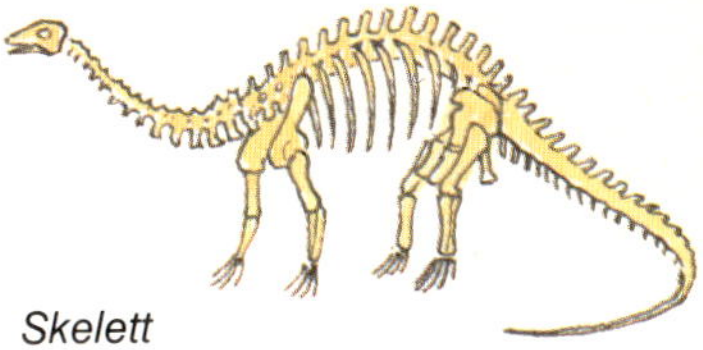

*Skelett*

*Rekonstruktion*

**Wie man dieses Buch benutzt**

Dieses Buch behandelt Dinosaurier, eine längst ausgestorbene Gruppe der Reptilien, und einige andere Tiere, die mit ihnen zusammen diese Welt bevölkerten. Es kann dir helfen, eine Übersicht über diese Tiere der Vorwelt zu bekommen. Nimm es mit, wenn du in ein Naturmuseum gehst, in dem die Skelette dieser Tiere ausgestellt sind. Die Abbildungen in diesem Buch können dir eine Vorstellung geben, wie die Dinosaurier lebend einmal ausgesehen haben. Neben der Form, der Größe und der Lebensweise der Saurier erfährst du einiges über die Geschichte der Erde.

**Was die Abbildungen zeigen**

Was von Dinosauriern gefunden wird, sind meist versteinerte Knochen. Sie werden Stück für Sück geborgen und zu einem Skelett zusammengesetzt. Aus den Knochen und Zähnen kann man erkennen, wie die Tiere gelaufen sind, wovon sie sich ernährten und wie kräftig sie waren. Durch den Vergleich mit heute lebenden Tieren kann man auch vermuten, wie sie ausgesehen haben. Solche Rekonstruktionen werden in den Abbildungen gezeigt. Über die Farbe der Tiere weiß man allerdings nichts.

**Die Zeitskala**

Am Ende der Beschreibung eines Dinosauriers findest du eine Skala mit einer blauen Markierung. Dieser farbige Streifen zeigt, wann das Tier gelebt hat. Die Geologen teilen die Erdgeschichte in mehrere Abschnitte ein, von denen uns hier nur das Erdmittelalter interessiert. Dieser Abschnitt dauert über 160 Millionen Jahre und läßt sich in drei Teile gliedern: Trias-, Jura- und Kreidezeit. Die Skala unten zeigt also an, daß der Dinosaurier in der älteren Kreidezeit lebte.

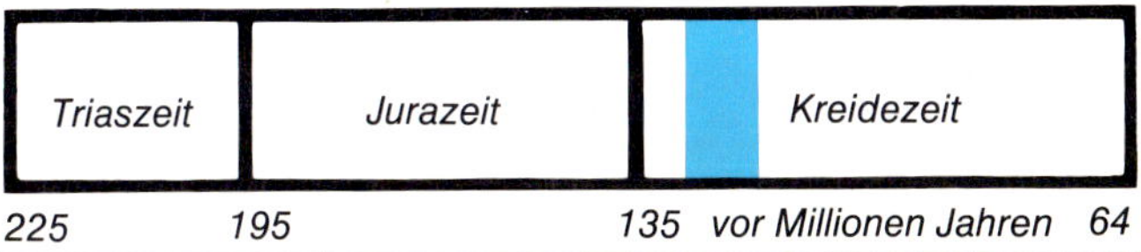

# Wie man dieses Buch benutzt

Von allen Dinosauriern wird die Körperlänge angegeben. Sie wird von der Nase bis zur Schwanzspitze gemessen.

Die hier behandelten Tiere sind so verschieden groß, daß sie nicht im gleichen Maßstab abgebildet werden können. Um dir eine Vorstellung über ihre Größe zu geben, werden sie mit heute lebenden Tieren – oder mit einem Sattelschlepper – verglichen.

Manche sind so groß wie eine Ente von 60 cm Körperlänge.

Manche sind so groß wie eine Giraffe von 4-5 m Körperhöhe.

Manche sind so groß wie ein Zebra von 2-2,5 m Körperlänge.

Manche sind so groß wie ein Elefant von 6-7,5 m Körperlänge.

Manche sind so groß wie ein Krokodil von 4 m Körperlänge.

Die größten sind länger als ein Sattelschlepper von 15 m Länge.

**Namen und Fundorte**

Die meisten Dinosaurier werden nur mit ihrem wissenschaftlichen Namen benannt, denn sie haben oft keinen deutschen Namen. Die Übersetzung der aus dem Lateinischen oder Griechischen stammenden Bezeichnungen ist aber wenig sinnvoll, denn viele Tiere wurden nach ihrem Fundort benannt oder, um einen berühmten Wissenschaftler zu ehren, mit einer Abwandlung von dessen Namen. Die Bezeichnung „Saurus“, die oft in den Namen vorkommt, bedeutet „Echse“, und Dino-Saurier heißt dann soviel wie Schrekkens-Echse. Am Ende einer Beschreibung ist jeweils angegeben, wo das ausgestorbene Tier zu seiner Zeit vorgekommen ist.

# Die Kontinentalverschiebung

Es ist schwer vorstellbar, daß sich die Kontinente unserer Erde gegeneinander verschieben sollen. Als Alfred Wegener diese Theorie entwickelte, gab es nicht wenige Wissenschaftler, die das für unmöglich hielten. Aber heute, fast 70 Jahre danach, haben seine Vorstellungen allgemeine Zustimmung gefunden. Auch heute noch bewegen sich die Kontinente der Erde wie Eisschollen auf einem Teich. Allerdings ist die Bewegung sehr langsam, sie beträgt nur wenige Zentimeter im Jahr.

*Mittelatlantischer Rücken*

Wenn man die Atlantikküsten von Amerika und Afrika betrachtet, so sieht man, daß man diese Kontinente zusammenschieben könnte, ohne daß große Lücken entstehen. Vor 200 Millionen Jahren lagen sie auch dicht nebeneinander. Seitdem werden sie ständig auseinander gerückt. Ursache ist flüssiges Gestein, das in der Mitte des Atlantiks aufsteigt, sich abkühlt und den Mittelatlantischen Rücken bildet. Dieses Gestein, das sich unter großem Druck ausbreitet, drückt die Erdschollen auseinander. Obwohl sich die Erdkruste an dieser Stelle ständig vergrößert, nimmt der Erdumfang doch nicht zu. An den Rändern der Erdschollen wird das Gestein nämlich wieder nach unten gepreßt. Hier entstehen tiefe Gräben, unter denen das Gestein so heiß wird, daß es schmilzt und sich wieder mit der flüssigen Gesteinsschmelze des Erdmantels vermischt. Am Rande des Kontinents wird an solchen Stellen ein Gebirge aufgetürmt.

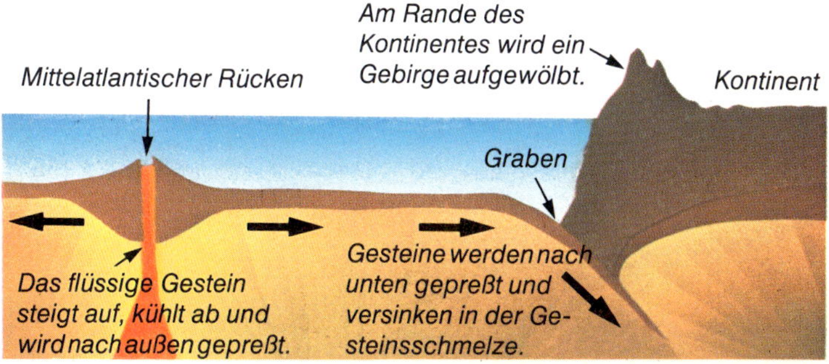

**1. Das Erdaltertum** (vor 600 bis 225 Millionen Jahren)

Über die Bewegung der Erdschollen in dieser Zeit ist wenig bekannt. Wahrscheinlich hat es im Erdaltertum drei Kontinente gegeben. Sie bestanden aus Europa und Nordamerika, aus Asien und aus einem Zusammenschluß der übrigen Erdteile.

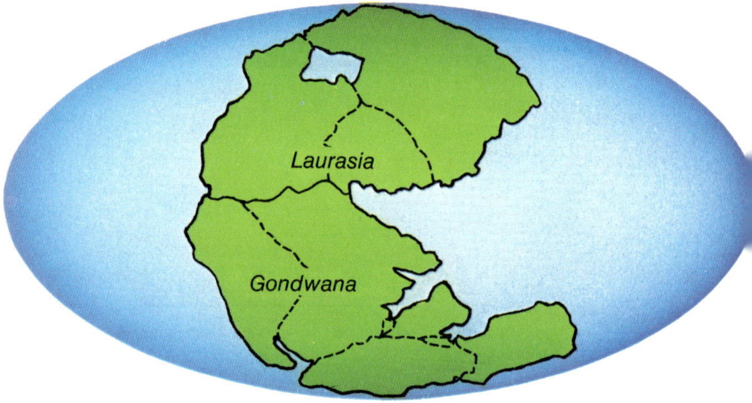


**2. Die Triaszeit** (vor 225 bis 195 Millionen Jahren).

Zu dieser Zeit waren alle Landmassen zu einem Kontinent vereinigt, der Pangaea genannt wird. An ihm lassen sich zwei Abschnitte unterscheiden, einem nördlichen (Laurasia) und einem südlichen (Gondwana).

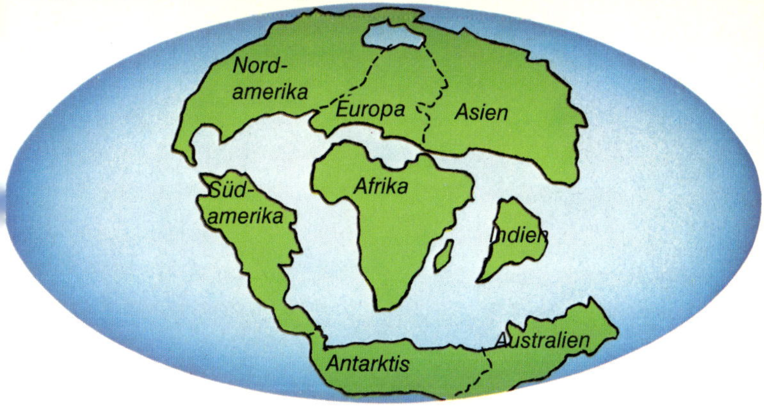


**3. Die Kreidezeit** (vor 135 bis 64 Millionen Jahren)

Während der Jurazeit zerbrach der Kontinent Pangaea, Laurasia und Gondwana trennten sich. Zu Beginn der Kreidezeit bestanden zwei Kontinente, und danach zerfiel Gondwana in Südamerika, Antarktis und Australien einerseits sowie in Afrika und Indien.

**4. Die Erdneuzeit** (vor 64 Millionen Jahren bis heute)

Die Auflösung des Südkontinentes ging weiter. Asien verband sich mit Indien und Afrika. Zuletzt brachen Nordamerika und Europa auseinander.

# Zeittafel

| Zeitalter | Abschnitt | vor Millionen Jahren | Klima | |
|---|---|---|---|---|
| Erdmittelalter | Kreide | 64 | kalt | Zeitalter der Reptilien |
| | | 135 | warm und feucht | |
| | Jura | 195 | warm | |
| | Trias | 225 | warm und trocken | |
| Erdaltertum | Perm | 280 | warm und trocken | |
| | Karbon | 345 | warm und feucht<br>Eiszeit am Südpol | |
| | Devon | 395 | warm und trocken | Zeitalter der Fische |
| | Silur | 440 | warm | |
| | Ordovizium | 500 | kalt oder warm | |
| | Kambrium | 600 | kalt | |

vor Millionen Jahren

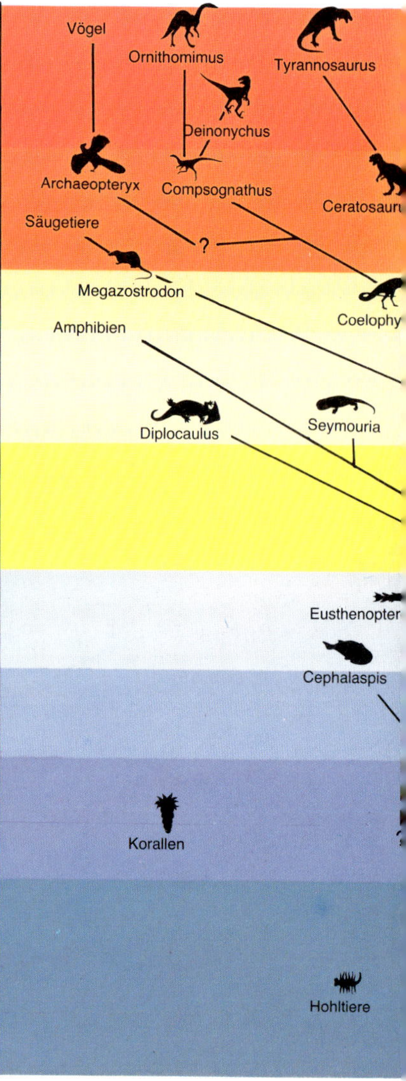

Aus dieser Zeittafel ist zu ersehen, wann die verschiedenen Dinosaurier lebten und wie ihre Entwicklung vermutlich verlief. Sie ging wahrscheinlich von Ursauriern wie Euparkeria und Chasmatosaurus (siehe Seite 16) aus.

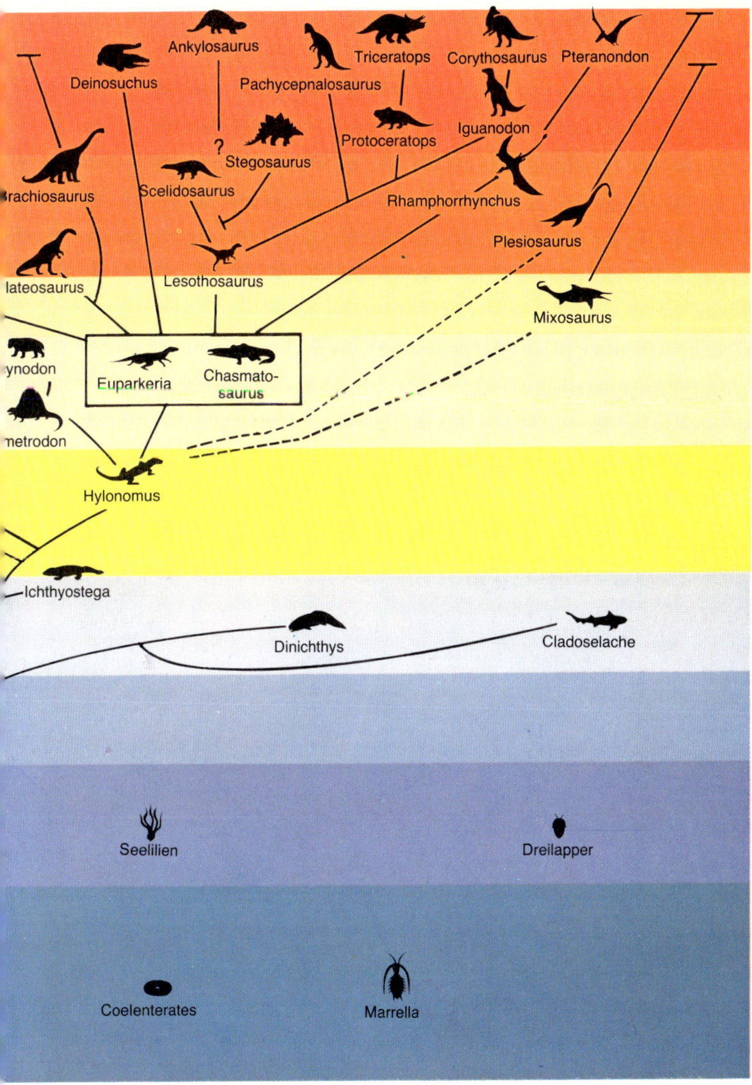

# Der Stammbaum der Dinosaurier

Die Dinosaurier, die von den Ursauriern (z.B. Euparkeria) abstammen, kann man in zwei Gruppen einteilen: Dinosaurier mit Echsenbecken (Saurischia) und Dinosaurier mit Vogelbecken (Ornithischia).

**Dinosaurier mit Echsenbecken**
Die Beckenknochen sind wie bei den Echsen angeordnet: Die Pubis (beim Menschen Schambein) ist nach vorn-abwärts gerichtet und das Ischium (Sitzbein) nach hinten-abwärts. Das Ilium (Darmbein) ist nach vorn verbreitert.

**Dinosaurier mit Vogelbecken**
Die Beckenknochen sind so angeordnet, wie man sie heute bei den Vögeln findet: Die Pubis ist wie das Ischium nach hintenabwärts gerichtet, und das Ilium ist nach vorn verschmälert. Bei später auftretenden Dinosauriern mit einem Vogelbecken ist das Ilium nach vorn verlängert. Fast alle Dinosaurier dieser Gruppe hatten am Vorderkiefer einen Hornschnabel oder Hautschwielen, während die Zähne im hinteren Teil der Kiefer angeordnet waren.

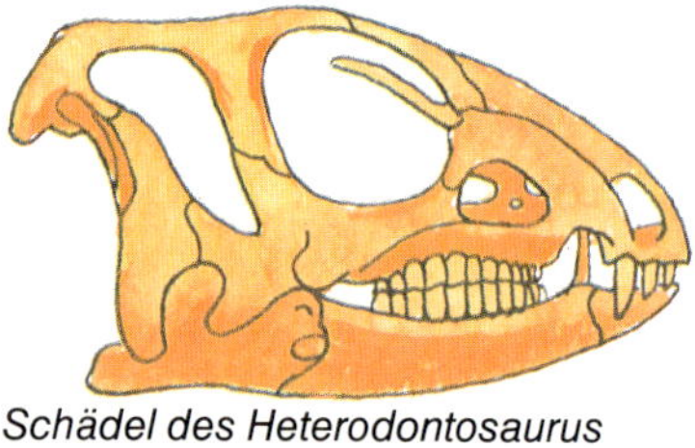

*Schädel des Heterodontosaurus (Ornithischia). Hatte bereits verschieden geformte Zähne.*

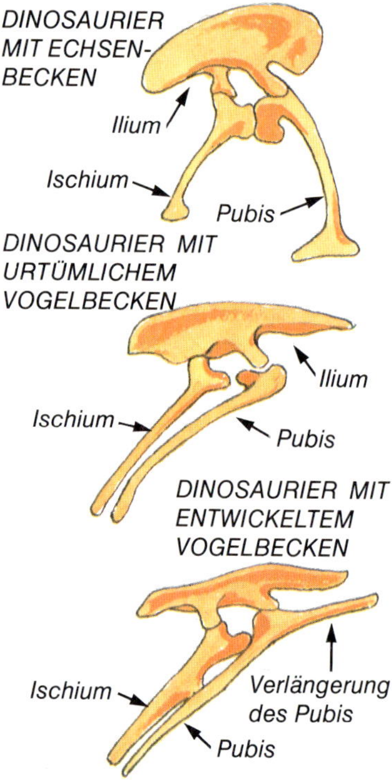


Auf der folgenden Seite kannst du leicht feststellen, zu welcher Gruppe die beschriebenen Tiere gehören. Zu den Dinosauriern mit Echsenbecken gehören die Raubsaurier, die auf zwei Beinen liefen und Fleischfresser waren, sowie die Riesensaurier. Sie liefen auf allen vieren und waren Pflanzenfresser. Zu den Dinosauriern mit Vogelbekken gehören die Schnabelsaurier, Nashornsaurier, Stachelsaurier und Panzersaurier. Alle waren Pflanzenfresser.

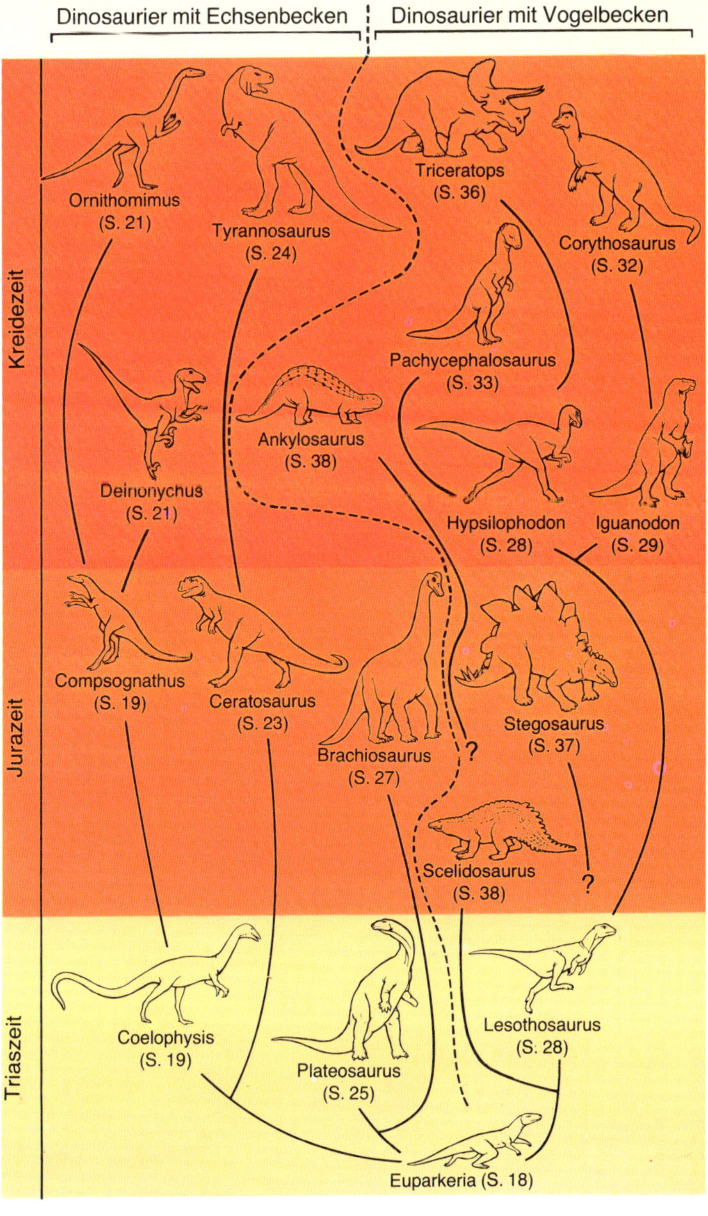

Dinosaurier mit Echsenbecken
Dinosaurier mit Vogelbecken
Kreidezeit
Jurazeit
Triaszeit
Ornithomimus (S. 21)
Tyrannosaurus (S. 24)
Triceratops (S. 36)
Corythosaurus (S. 32)
Pachycephalosaurus (S. 33)
Deinonychus (S. 21)
Ankylosaurus (S. 38)
Hypsilophodon (S. 28)
Iguanodon (S. 29)
Compsognathus (S. 19)
Ceratosaurus (S. 23)
Brachiosaurus (S. 27)
Stegosaurus (S. 37)
?
Scelidosaurus (S. 38)
?
Coelophysis (S. 19)
Plateosaurus (S. 25)
Lesothosaurus (S. 28)
Euparkeria (S. 18)

# Wie Versteinerungen entstehen

*Der Körper des toten Dinosauriers sinkt auf den Boden eines Sees.*

*Das Fleisch verrottet, und das Skelett wird allmählich vom Schlamm bedeckt.*

*Im Verlaufe von Tausenden von Jahren versteinern die Knochen.*

Versteinerungen oder Fossilien sind Reste von Lebewesen, die lange vor dem Menschen auf dieser Welt gelebt haben. Die Knochen, Zähne und Gehäuse der Tiere sind im Verlaufe vieler Millionen Jahre zu Stein geworden und dadurch bis auf den heutigen Tag erhalten geblieben. Die Entstehung einer Versteinerung ist aber eine ganz große Ausnahme. Die meisten Tiere, die von ihren Feinden getötet werden oder einen anderen Tod sterben, werden von Fleischfressern verzehrt, und auch ihre Knochen verwesen. Nur unter ganz bestimmten Bedingungen bleiben ein Tier oder Teile von ihm erhalten. Am Beispiel eines Dinosauriers soll beschrieben werden, wie das im einzelnen geschieht.

Wenn der Körper eines toten Tieres vom Wasser in einen Teich oder einen See geschwemmt wird, so sinkt er auf den Boden des Gewässers. Fleisch, Haut und Sehnen verwesen, und nur die Knochen bleiben erhalten. Sie werden vom Schlamm bedeckt, der im Verlaufe von Tausenden von Jahren eine immer höhere Schicht bildet. Er verfestigt sich und wird allmählich zu Stein. In den Stein dringt Wasser ein, und die im Wasser gelösten Mineralien setzen sich ab und füllen nach und nach alle Poren aus. Aus dem Knochen wird so ein kompakter Stein, der aber ganz genau die Form des Knochens einnimmt. Deshalb kann man einen versteinerten Knochen gleich an seinem Gewicht erkennen.

*Das Gestein, das die Versteinerung umschließt, verwittert.*

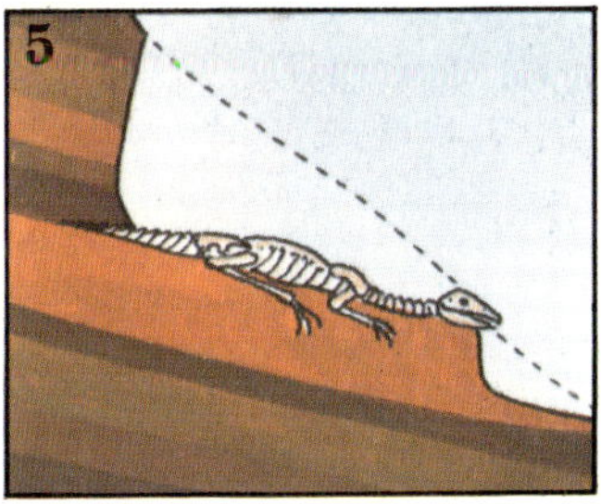


*Die Versteinerung wird freigelegt und geborgen.*

Im Verlaufe der Erdgeschichte wurde die Kruste der Erde sehr stark verändert. Wo Meere waren, gab es mit einem Mal Gebirge, und Gebirgszüge versanken und machten Ozeanen Platz. So kann auch der Boden des Sees, in dem der Dinosaurier versteinert wurde, zu einem Gebirge aufgewölbt worden sein. Das Gestein ist nun der Verwitterung ausgesetzt und zerfällt innerhalb von Millionen von Jahren, bis eines Tages ein Stück der Versteinerung an einem Hang zu sehen ist.

Wenn sie von einem Paläontologen entdeckt wird, kann die Versteinerung nun geborgen werden und gelangt vielleicht in ein Museum. Anderenfalls verwittert auch sie zu Staub. Seltener versteinern auch andere Reste eines Dinosauriers, z. B. Fußspuren, Eier, Kot und Teile der Haut.

*Ei eines Dinosauriers*

*versteinerte Fußspur*

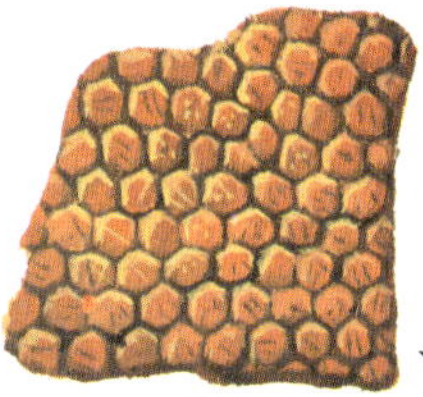

*Abdruck von der Haut*

*Kot (Koprolit) eines Dinosauriers. Seine Form gibt Hinweise auf die Nahrung des Tieres.*

# Versteinerungen aus dem Erdaltertum

**▸ Tiere der Kambriumzeit**

Die hier abgebildeten Fossilien stammen aus den Burgess-Schichten in Westkanada. Sie sind etwa 530 Millionen Jahre alt und enthalten sehr urtümliche Tiere. Manche dieser Gruppen gibt es auch heute noch, z. B. Quallen (Peytoia), andere sind bereits vor mehreren hundert Millionen Jahren ausgestorben (Opabinia und Hallucigenia). Von wurmartigen Tieren kennt man meist nur ihre versteinerten Wohnhöhlen.

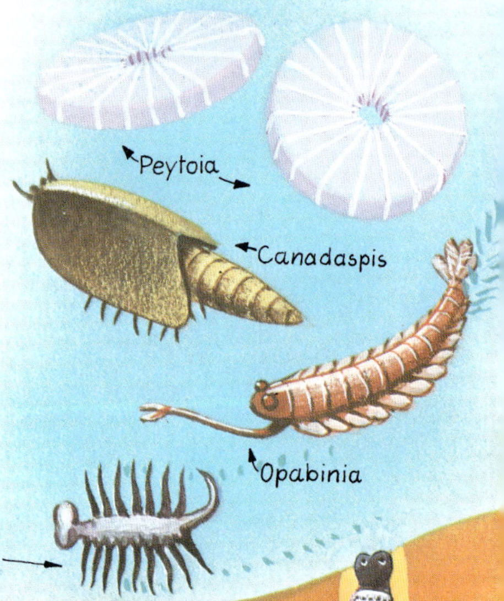


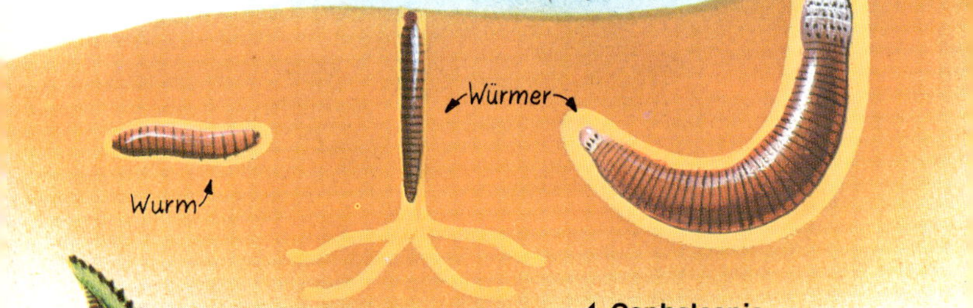

**◂ Cephalaspis**

Etwa 30 cm lang. Dieser Urpanzerfisch hatte keine Kiefer. Er saugte durch einen Spalt auf der Unterseite Nahrung aus dem Bodenschlamm. Der Körper war gepanzert, der Kopf auf der Unterseite flach und breit. Die Flossen waren nur wenig ausgebildet, die Tiere konnten sich nur langsam bewegen. Europa, Nordamerika.

# Kieferfische

**◀ Dinichthys**

Bis 10 m lang, Kopf 3 m lang. Dieser Panzerfisch war nur im vorderen Körperabschnitt gepanzert. Konnte mit den kräftigen Zähnen Urpanzerfische zerknacken. Ohio (USA).

**◀ Cladoselache**

0,6-1 m lang. Dieser Hai ähnelte einem heute lebenden Verwandten, er hatte große Augen. USA.

**▶ Eusthenopteron**

30-60 cm lang. Dieser Quastenflosser lebte im Süßwasser und war den früheren Amphibien ähnlich. Hatte sowohl eine Lunge als auch Kiemen und konnte sich mit den derben Flossen auf dem Land bewegen. Grönland.

# Amphibien

Amphibien oder Lurche können auf dem Land leben und haben Lungen, mit denen sie atmen. Zur Vermehrung kehren sie ins Wasser zurück, und die aus den Eiern schlüpfenden Larven haben Kiemen.

### ▸ Ichthyostega

0,9-1 m lang. Konnte zwar gut laufen, lebte aber die meiste Zeit im Wasser. Hatte noch eine Schwanzflosse und Reste des Kiemendeckels (wie ein Fisch). Ernährte sich von Fischen und hatte spitze Zähne. Grönland.

### ◂ Diplocaulus

60-80 cm lang. Hatte kurze Beine, einen abgeflachten Körper und einen flachen, pfeilförmig verbreiterten Kopf. Lebte auf dem Grunde flacher Gewässer, konnte mit dem langen Schwanz gut schwimmen. Texas (USA).

### ▸ Seymouria

60-80 cm lang. Lebte auf dem Lande und wurde zuerst als ein Reptil angesehen, legte die Eier aber im Wasser ab. Vielleicht haben sich aus den Verwandten von Seymouria die Reptilien entwickelt. USA.

# Die ältesten Reptilien

Die Reptilien oder Kriechtiere stammen von den Lurchen ab. Sie leben ständig auf dem Lande und legen hier auch ihre Eier ab. Diese haben eine feste Haut und trocknen nicht aus.

**▶ Hylonomus**

Etwa 50 cm lang. Ist eines der ältesten Reptilien. Hatte einen langgestreckten, mit häutigen Schuppen bedeckten Körper. Ernährte sich von Insekten. Nova Scotia (Kanada).

**▶ Dimetrodon**

Etwa 3,5 m lang. Jagte andere Tiere und hatte scharfe Zähne. Mit dem großen „Segel" auf dem Rücken konnte das Tier seine Körpertemperatur ändern. USA.

**◀ Dicynodon**

Etwa 1 m lang. Hatte einen kurzen, dicken Körper und lange Beine. Der Oberkiefer hatte auf jeder Seite einen langen Eckzahn, das Maul war schnabelartig. Pflanzenfresser. Südafrika.

**◀ Lycaenops**

Etwa 1,5 m lang. Ein Fleischfresser, der in Herden lebte. Hatte einen schuppenbedeckter Körper, lange Beine und scharfe Zähne. Jagte pflanzenfressende Tiere. Südafrika.

# Ursaurier

Diese Gruppe von Reptilien trat am Ende der Permzeit auf. Aus diesen Tieren entwickelten sich später die Dinosaurier.

▲ **Chasmatosaurus**

Etwa 1,3 m lang. Hatte einen mächtigen Schädel mit langen Zähnen und eine auffallende, nach unten gerichtete Schnauze. Lebte vielleicht im Wasser und jagte Fische. Südafrika.

◀ **Ornithosuchus**

Etwa 4 m lang. Dieser Fleischfresser hatte nur kurze Vorderbeine, aber lange und kräftige Hinterbeine und stützte sich mit dem Schwanz. Schottland.

▶ **Euparkeria**

Etwa 1 m lang. Lief auf den Hinterbeinen und hielt die Beute mit den kurzen Vorderbeinen fest. Ernährte sich wahrscheinlich von Insekten und toten Tieren. Kann als Vorläufer der Dinosaurier angesehen werden. Südafrika.

# Raubsaurier

Diese Gruppe der Dinosaurier entwickelte sich aus fleischfressenden Ursauriern der Permzeit. Sie umfaßt meist auf den Hinterbeinen laufende Tiere mit kleinem Kopf.

**◀ Procompsognathus**

Etwa 70-100 cm lang. Konnte schnell laufen und größeren Raubtieren entwischen. Jagte Eidechsen und andere Lurche. Süddeutschland.

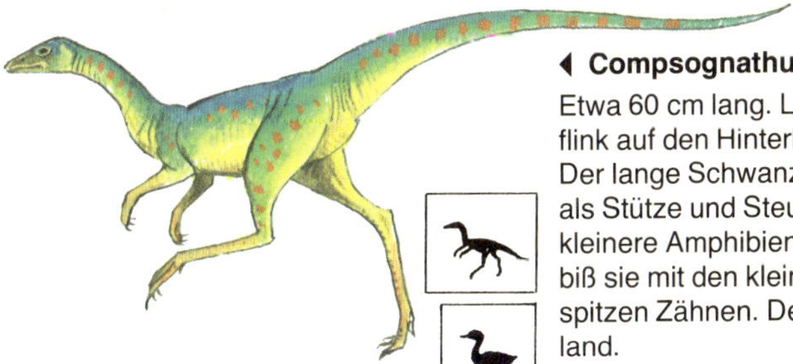

**◀ Compsognathus**

Etwa 60 cm lang. Lief sehr flink auf den Hinterbeinen. Der lange Schwanz diente als Stütze und Steuer. Jagte kleinere Amphibien und zerbiß sie mit den kleinen, aber spitzen Zähnen. Deutschland.

**▶ Coelophysis**

Etwa 2,7 m lang. Hatte einen sehr langen Schwanz und einen schmalen Hals mit langgestrecktem Kopf. An den kurzen Vorderbeinen saßen nur drei Finger mit scharfen Krallen. Mexiko und USA.

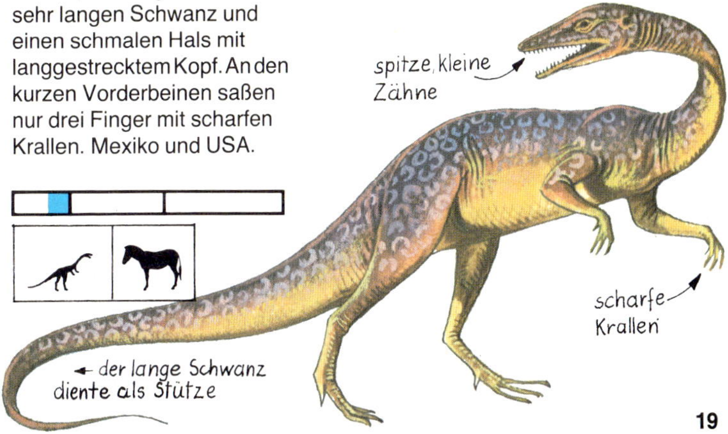

## ▸ Coelurus

Etwa 2 m lang. Hatte einen langen, kräftigen Schwanz, der als Stütze diente, und einen verlängerten Hals mit großem Kopf und zahlreichen scharfen Zähnen, Fleischfresser. Süddeutschland.

## ◂ Velociraptor

Etwa 1,5-1,8 m lang. Konnte schnell laufen und jagte kleinere Kriechtiere und Säugetiere. Wurde in einem Falle mit dem Nashornsaurier Protoceratops (siehe Seite 34) zusammen gefunden und hat vielleicht mit diesem gekämpft. Mongolei.

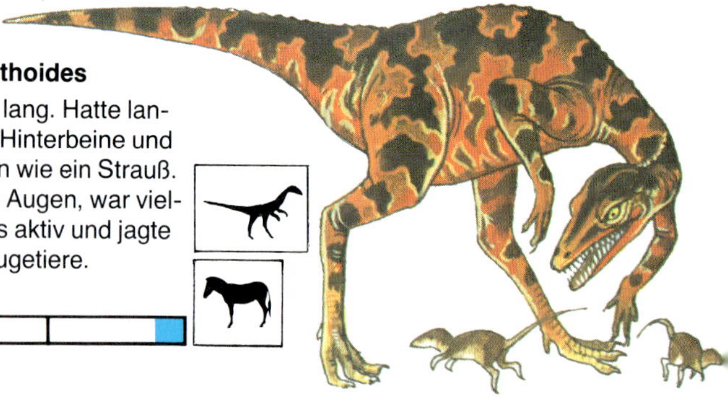

## ▸ Saurornithoides

Etwa 2-3 m lang. Hatte lange, kräftige Hinterbeine und lief auf ihnen wie ein Strauß. Hatte große Augen, war vielleicht nachts aktiv und jagte kleinere Säugetiere. Mongolei.

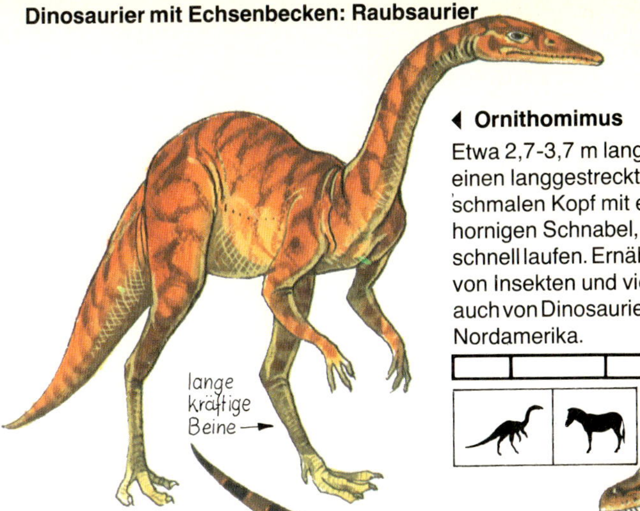


## ◀ Ornithomimus

Etwa 2,7-3,7 m lang. Hatte einen langgestreckten schmalen Kopf mit einem hornigen Schnabel, konnte schnell laufen. Ernährte sich von Insekten und vielleicht auch von Dinosaurier-Eiern. Nordamerika.

## ▶ Deinonychus

Etwa 2 m lang. Konnte sehr schnell laufen und überfiel seine Beutetiere blitzschnell. Die innere Kralle der Hinterbeine war stark verlängert und wurde wie ein Messer verwendet. Nordamerika.

## ◀ Deinocheirus

Von diesem Tier wurden nur die Vorderbeine mit den Schulterblättern gefunden. Deshalb ist über sein Aussehen wenig bekannt. Es muß auf den Hinterbeinen gelaufen sein, darauf lassen die umgebildeten Finger schließen. Mongolei.

Die hier abgebildeten fleischfressenden Dinosaurier unterscheiden sich von den übrigen Raubsauriern durch einen kurzen, gedrungenen Hals und einen großen Schädel mit mächtigen Kiefern.

### ◀ Dilophosaurus

Etwa 6 m lang. Hatte 2 dicke und hohe Knochenkämme auf dem Kopf, über deren Bedeutung bisher nichts bekannt ist. Die Vorderbeine waren sehr kurz, die Hinterbeine lang und kräftig. USA.

### ▶ Allosaurus

Etwa 10 m lang. Ein mächtiges Raubtier, das sich wahrscheinlich von den großen pflanzenfressenden Dinosauriern ernährte. In Nordamerika wurde das Skelett eines Apatosaurus gefunden, an dem Bißwunden waren, die von Allosaurus stammen könnten. Nordamerika.

**Spinosaurus**

Etwa 8 m lang. Ein ganz ungewöhnlicher Raubsaurier, der mit seinem Hautsegel an Dimetrodon (siehe Seite 17) erinnert. Das Hautsegel wurde von langen Wirbelknochen gestützt. Ägypten.

**Megalosaurus**

Etwa 6 m lang. War der ersten Dinosaurier, der benannt wurde (1824). Hatte an den Hinterbeinen starke Krallen, besaß kurze Vorderbeine und einen sehr muskulösen Hals. Südengland.

**Ceratosaurus**

Etwa 6 m lang. Hatte ein kurzes, abgerundetes Horn auf der Nase und starke Knochenbögen seitlich der Augen. Die Funktion dieser Auswüchse ist unbekannt. Nordamerika.

### ▸ Tyrannosaurus

Bis 16 m lang, war aufgerichtet über 6 m hoch und wog etwa 7 t. Die Vorderbeine waren sehr kurz; die Tyrannenechse muß ihre Beute mit den Zähnen zerrissen haben. Nordamerika.

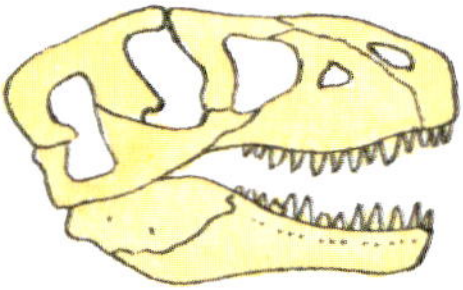

### ▲ Tarbosaurus

Etwa 12 m lang. Wurde erst in jüngster Zeit gefunden. War dem Tyrannosaurus ähnlich und hatte die gleiche Lebensweise. Mongolei.

Die hier abgebildeten Dinosaurier traten am Ende der Triaszeit auf und starben noch vor Beginn der Jurazeit wieder aus. Sie sind mit den Riesensauriern verwandt.

## ▶ Melanosaurus

Über 10 m lang. Ein riesiger Pflanzenfresser mit langem Hals und kleinem Kopf. Der schwere Körper wurde von säulenartigen Beinen getragen, die fast gleichlang waren. Südafrika.

## ▼ Plateosaurus

Etwa 7 m lang. Die lange und dicke Schwanz diente als Stütze, wenn das Tier auf den Hinterbeinen stand. Es lief normalerweise auf allen vieren. Die Zähne waren klein und lamellenartig. Lebte in Herden und ernährte sich von Pflanzen. Süddeutschland.

# Riesensaurier

Die Riesensaurier lebten in der Jura- und Kreidezeit. Sie waren Pflanzenfresser und hatten flache, breite Zähne. Sie waren die größten Landtiere aller Zeiten.

▲ **Diplodocus**

Etwa 30 m lang, das längste bekannte Landtier. Verwendete seinen Schwanz zur Verteidigung gegen Raubtiere wie Allosaurus (siehe Seite 22). Nordamerika.

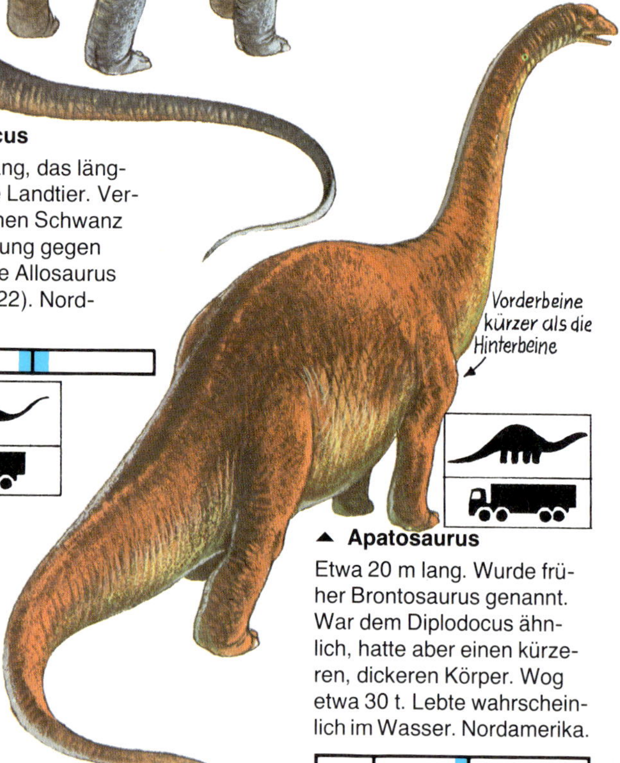


▲ **Apatosaurus**

Etwa 20 m lang. Wurde früher Brontosaurus genannt. War dem Diplodocus ähnlich, hatte aber einen kürzeren, dickeren Körper. Wog etwa 30 t. Lebte wahrscheinlich im Wasser. Nordamerika.

## ▸ Brachiosaurus

23-27 m lang und über 50 t schwer. Das schwerste Landtier aller Zeiten. Im Gegensatz zu allen anderen Dinosauriern waren die Vorderbeine länger als die Hinterbeine, deshalb reichte der Kopf bis 13 m hoch. Wahrscheinlich lebte das Tier im Wasser, von dem der größte Teil des Gewichtes getragen wurde. Die Nasenöffnungen lagen auf dem Scheitel des stark gewölbten Kopfes. Nordamerika.

# Schnabelsaurier

Diese Gruppe umfaßt pflanzenfressende Tiere, die auf den Hinterbeinen liefen. Ihre Kiefer waren im vorderen Teil zu einem Hornschnabel umgebildet.

### ▸ Lesothosaurus

Etwa 90 cm lang. Ein schlankes, flinkes Tier. Hatte einen Hornschnabel, mit dem es Pflanzenteile abriß, und lange, kräftige Hinterbeine. Südafrika, Lesotho.

### ◂ Heterodontosaurus

Etwa 90 cm lang. Hatte kräftige Beine und konnte schnell laufen. Die Vorderbeine waren kurz und trugen lange Krallen. Die Eckzähne waren verlängert und dienten der Verteidigung, z. B. gegen Coelophysis (siehe Seite 19). Südafrika.

### ▸ Hypsilophodon

Bis 2 m lang. Hatte einen langen, kräftigen Schwanz, der beim Laufen als Steuer verwendet wurde. Der Kopf war schmal und langgestreckt. War weit verbreitet und wurde in England und in Nordamerika gefunden.

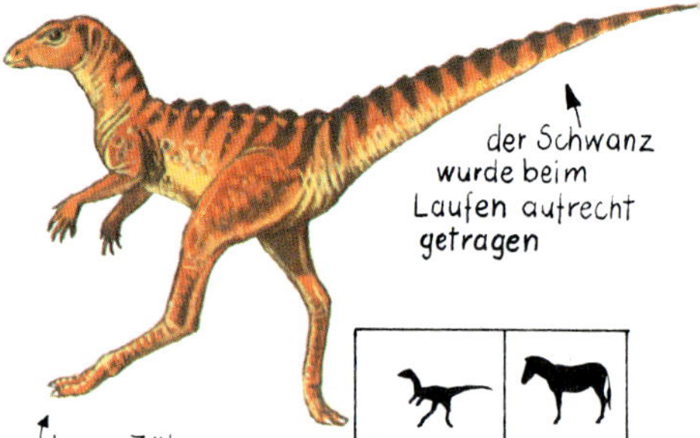

### ▸ Camptosaurus

Bis 5 m lang. Hatte sowohl an den Zehen der Vorderbeine wie auch der Hinterbeine lange hufartige Nägel. Konnte auf den Hinterbeinen schnell laufen, rupfte Pflanzen ab und lief dabei wohl auf allen vieren. Nordamerika, England.

### ◂ Iguanodon

Etwa 10 m lang.
Auf eine Herde von etwa 20 Exemplaren stieß man 1887 in Belgien beim Abbau von Kohle. Die kurzen Vorderbeine hatten Finger mit hufartigen Nägeln. Der Daumen bestand aus einem langen spitzen Knochen, mit ihm verteidigte sich das Tier. Hatte mehrere Reihen von kurzen Zähnen. Nordamerika, Europa.

# Dinosaurier mit Entenschnabel

Die Dinosaurier dieser Gruppe hatten über der Nase sehr auffällige Kämme, Kuppeln oder Hörner. Der Vorderteil der Kiefer war zahnlos, bestand aus Hornplatten und ähnelte einem Entenschnabel. Im hinteren Teil der Kiefer waren viele kleine Zähne, mit denen Pflanzenteile zermahlen wurden.

### ◀ Ouranosaurus

Etwa 6 m lang. Hatte Vorderbeine, die denen von Iguanodon ähnelten. Das breite, flache Maul erinnert an Anatosaurus. Mit dem breiten Segel über dem Rücken konnte das Tier seine Körpertemperatur verändern. Kann als Vorläufer der Entenschnäbel angesehen werden. Niger.

### ▶ Anatosaurus

Etwa 10 m lang. Früher Trachodon genannt. Lebte in kleinen Herden an Gewässern und weidete die weichen Wasserpflanzen ab. Hatte große, kräftige Füße mit starken Krallen. Lief auf allen vieren. Nordamerika und Asien.

Obwohl diese Dinosaurier einen ähnlichen Körperbau wie die Entenschnäbel haben, lassen sie sich durch die Auswüchse auf der Nase unterscheiden.

◀ **Kritosaurus**

Etwa 10 m lang. Hatte einen breitenPapageienschnabel. Der Auswuchs über der Nase war breit und abgerundet, vielleicht diente er während der Paarungszeit als Waffe. USA.

▶ **Saurolophus**

Etwa 10 m lang. Hatte einen breiten, flachen Hornschnabel. Der Auswuchs über der Nase war breit und wulstig, er lief über dem Schädeldach in eine starke hornartige Verlängerung aus. Dieser wurde vielleicht als Waffe benutzt. Nordamerika. Mongolei.

◀ **Tsintaosaurus**

Etwa 10 m lang. Hatte zwischen den Augen einen langen, schmalen, nach vorn gerichteten Knochenauswuchs auf der Nase. Dieser wurde vielleicht als Waffe benutzt. War wie alle Schnabelsaurier ein Pflanzenfresser. China.

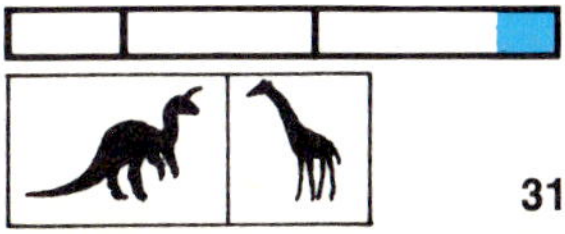

### ▸ Edmontosaurus

Etwa 10 m lang. Hatte einen langgestreckten, breiten, aber flachen Kopf mit einer löffelförmigen Schnauze. Die Auswüchse der Nase beschränkten sich auf seitliche Verdickungen über Nasenlöchern. Kanada.

### ◂ Corythosaurus

Etwa 10 m lang. Hatte ein flaches, breites Maul und keine Verdickung über der Nase. Der knöchernde Auswuchs erstreckte sich über den Scheitel und bildete einen hohen, schmalen Kamm. Nordamerika.

### ◂ Parasaurolophus

Etwa 10 m lang. Hatte ein langgestrecktes Maul und einen hornartigen Auswuchs auf dem Hinterkopf. Diese Verlängerung war hohl und von vielen Luftgängen durchzogen. Vielleicht dienten sie als Luftspeicher. Nordamerika.

Diese Tiere bildeten eine besondere Gruppe der Schnabelsaurier. Sie stimmen im Körperbau mit diesen überein und sind ebenfalls Pflanzenfresser, aber ihr Schädeldach war stark verdickt und bestand aus einer dicken Knochenplatte.

### ▸ Stegoceras

Etwa 3 m lang. Seine Kopfplatte bestand aus massivem Knochen und war unten von vielen knopfartigen Vorsprüngen umgeben. Der Schädel war etwa 60 cm breit! Die kleinen, stumpfen Zähne wurden zum Zerkleinern von Pflanzenteilen verwendet. Kanada.

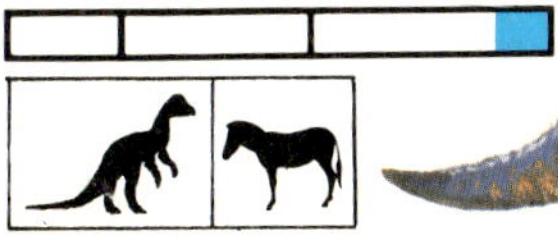

### ◂ Pachycephalosaurus

Etwa 8 m lang. Lebte vielleicht in Herden, in denen die Männchen zur Paarungszeit um die Weibchen kämpften, indem sie wie die Schafböcke mit den Köpfen gegeneinander anrannten. Die dicke Schädeldecke deutet darauf hin. Kanada.

# Nashornsaurier

Bei diesen Tieren war der Vorderteil der Kiefer zu einem Schnabel umgebildet. Zum Schutz vor fleischfressenden Dinosauriern hatten sie einen großen Nackenschild und lange, spitze Hörner. Sie lebten in der älteren Kreidezeit, besonders in Nordamerika.

### ▸ Psittacosaurus

Etwa 2 m lang. Sah einem Schnabelsaurier, z. B. Hypsilophodon (siehe Seite 28) ähnlich und hatte kräftige, muskulöse Hinterbeine. Konnte aber auch auf allen vieren laufen und hatte die an einen Papageienschnabel erinnernde Schnauze der Nashornsaurier. Mongolei.

### ◂ Protoceratops

Etwa 2 m lang. Hatte einen starken Nackenschild, aber keine Hörner. Rupfte mit der starken, schnabelähnlichen Schnauze Pflanzen ab. Mongolei.

### ▸ Eier des Protoceratops

Die ersten von einem Dinosaurier gefundenen Eier stammen von Protoceratops. Sie lagen in einem Kreis zusammen und waren von Sand bedeckt. Einige enthielten versteinerte Jungtiere. Mongolei.

### ▸ Monoclonius

Etwa 8 m lang. Sah einem heute lebenden Nashorn ähnlich. Hatte ein riesiges, nach vorn gerichtetes Horn auf der Nase und über den Augen lange, schmale Knochenwülste. Lebte in Herden. Nordamerika.

### ◂ Pentaceratops

Etwa 7 m lang. Hatte einen Nackenschild, der den halben Rücken bedeckte. Auf der Nase saß ein großes, kräftiges Horn, 2 längere waren auf den Knochenwülsten über den Augen und 2 stumpfe seitlich des Kopfes. Nordamerika.

### Pachyrhinosaurus

Etwa 4 m lang. Dieser Dinosaurier hatte keine Hörner, aber einen breiten und starken Knochenwulst über der Nase. Der Nackenschild war kurz und schmal, aber sehr dick. Kanada.

### Leptoceratops

Etwa 2 m lang. War ein flinkes, schnellfüßiges Tier und unterscheidet sich dadurch von allen anderen Nashornsauriern. Lief auf den Hinterbeinen. Hatte einen kleinen Nackenschild, Hörner fehlten. Konnte sich vor Feinden durch die Flucht retten. Nordamerika.

### Triceratops

Etwa 11 m lang, der größte Nashornsaurier. Hatte 3 lange, spitze, nach vorn gerichtete Hörner auf dem Schädeldach und einen großen Nackenschild. Wog über 8 t. Nordamerika.

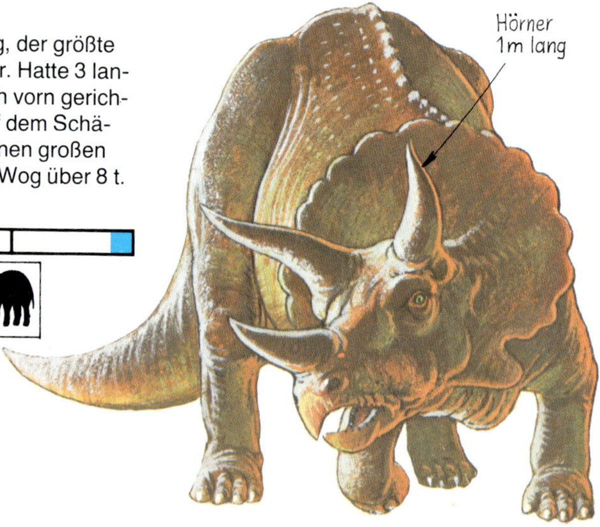

# Stachelsaurier

Diese Tiere waren große, pflanzenfressende Arten und lebten in der Jurazeit. Sie hatten lange Hinterbeine, und ihr Rücken war mit großen, abstehenden Knochenplatten gepanzert.

### ▶ Kentrosaurus

Etwa 5 m lang. Hatte einen langen Hals und einen kleinen Kopf. Drehte einem Angreifer den Rücken zu und konnte mit dem bewaffneten Schwanz nach ihm schlagen. Tansania.

### ◀ Stegosaurus

Etwa 8 m lang. Hatte über dem Rücken 2 Reihen aufrecht stehender Knochenplatten, die in der Muskulatur verankert waren. Sie dienten als Schutz vor einem Feind. Mit den langen Schwanzstacheln konnte sich das Tier verteidigen. Nordamerika.

# Panzersaurier

Diese Gruppe der Dinosaurier umfaßt große, sich langsam bewegende Pflanzenfresser. Die lebten vorwiegend in der Kreidezeit.

### ◀ Scelidosaurus

Etwa 4 m lang. Hatte auf dem Rücken mehrere Reihen von Knochenplatten. Sah einem Panzersaurier ähnlich, lebte aber bereits in der Jurazeit. War vielleicht ein Vorläufer dieser Gruppe. England.

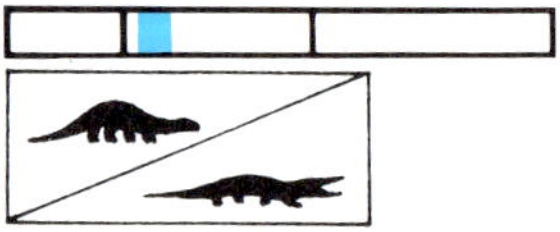

### ▶ Polacanthus

Etwa 4 m lang. Der Kopf des Tieres wurde bisher nicht entdeckt. Hatte einen großen Knochenpanzer über dem Rücken. England, Isle of Wight.

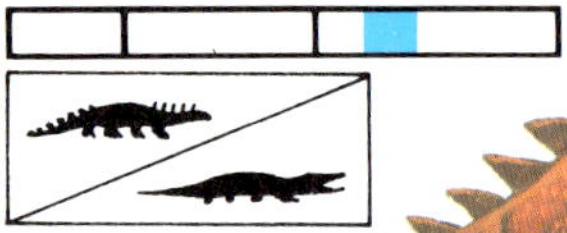

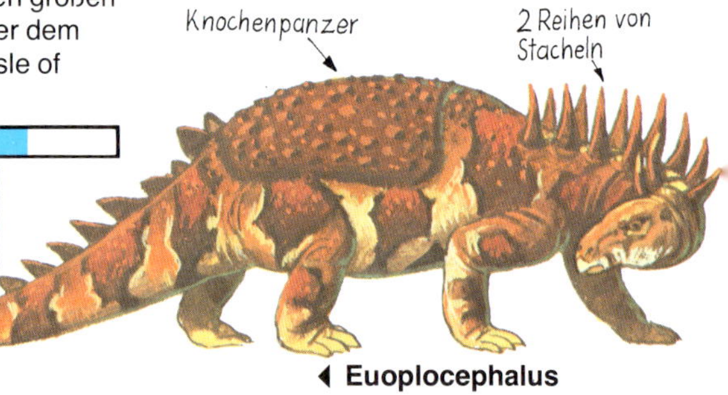


### ◀ Euoplocephalus

Etwa 5 m lang. Hatte einen abgeflachten Körper, über dem Rücken gerundete Knochenplatten und an den Seiten abstehende Stacheln. Schlug mit dem Schwanz nach Feinden. Nordamerika.

### Scolosaurus

Etwa 7 m lang bis 5 t schwer. War über dem Rücken mit breiten, stumpfen Höckern gepanzert und konnte mit dem Schwanz wuchtige Schläge austeilen. Nordamerika.

### Nodosaurus

Etwa 6 m lang. War über dem Rücken und an den Flanken mit vielen kleinen Platten gepanzert und konnte sich deshalb nach allen Richtungen wenden. Hatte keine Schwanzkeule. Nordamerika.

### Paleoscincus

Etwa 6 m lang. Hatte einen kurzen, gedrungenen, breiten Körper und kurze Beine. War vom Kopf bis zum Schwanz mit Knochenplatten gepanzert und hatte an den Flanken kurze Stacheln. Nordamerika.

# Flugsaurier

Die Flugsaurier sind vielleicht aus Sauriern wie Euparkeria (siehe Seite 18) entstanden. Ihre Flügel bestanden aus einer dünnen Haut, die beim Flug zwischen den langen Beinen ausgespannt war. Der Körper war sehr leicht.

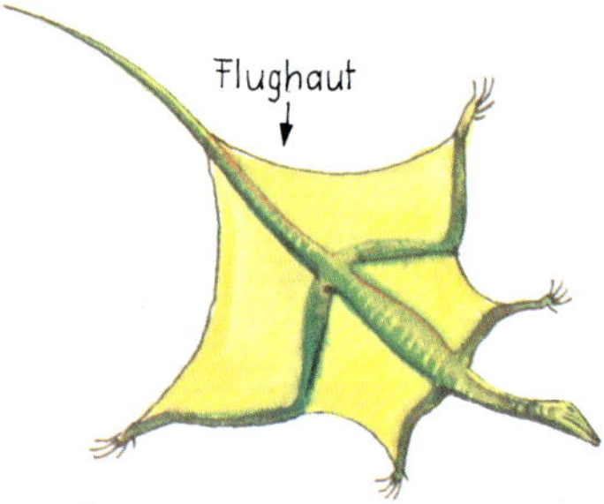


### ▸ Podopteryx

Etwa 20 cm lang. Ein urtümlicher Flugsaurier mit einer großen dünnen Flughaut. Segelte von Baum zu Baum und kletterte an ihnen nach oben. Himalaja.

### ◂ Dimorphodon

Etwa 40 cm lang. Flügelspannweite etwa 70 cm. Dieser urtümliche Flugsaurier hatte einen großen Kopf, und die Flughaut wurde von einem stark verlängerten Finger gehalten. Segelte im Wind. England.

### ▸ Rhamphorhynchus

Etwa 30 cm lang. Hatte einen langen, schlanken Kopf, scharfe Zähne und große Augen. Jagte Fische, indem er über die Meeresoberfläche segelte. Deutschland.

### ▸ Pterodactylus

Etwa 20 cm lang. Ein kleines, wendiges Tier, das über die Wasseroberfläche segelte und Fische fing. Hatte nur im vorderen Teil des Kiefers Zähne. Hing vielleicht zum Ausruhen an Bäumen. Deutschland.

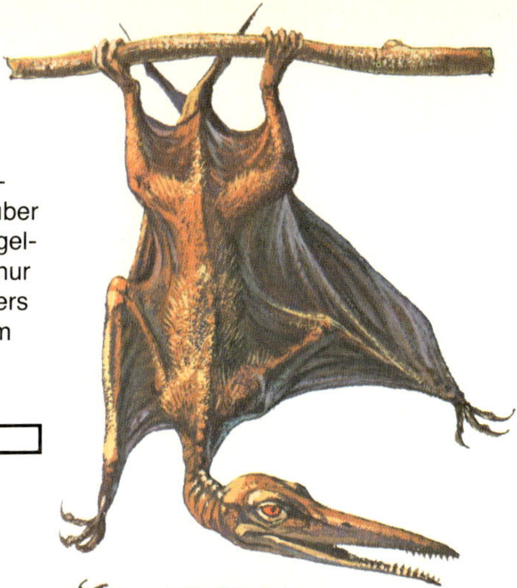

### ◂ Pteranodon

Etwa 1 m lang, Flügelspannweite bis 9 m! Hatte keine Zähne. Segelte über das Meer, verschluckte Fische und sammelte sie in einem Kehlsack. Nordamerika.

### ▸ Quetzalcoatlus

Nur ein unvollständiges Sklelett bekannt. Hatte eine Flügelspannweite von 17 m (mehr als ein Segelflugzeug!). Lebte wahrscheinlich von toten Tieren. Wurde 1975 in Texas gefunden.

# Pflanzenechsen und Krokodile

Pflanzenechsen (z. B. Rutiodon) waren sehr urtümliche Reptilien, die am Ende der Triaszeit auftraten und einem Krokodil ähnelten. Auch Vorfahren der echten Krokodile gab es bereits zu dieser Zeit, Protosuchus zählt zu ihnen.

**▲ Rutiodon**

4-6 m lang. Hatte lange Kiefer mit kräftigen Zähnen. Der Körper war mit dicken Knochenplatten gepanzert. Die Nasenöffnungen lagen nicht an der Spitze der Schnauze – wie bei den Krokodilen –, sondern zwischen den Augen. Nordamerika, Europa, Asien.

**▲ Protosuchus**

80-100 cm lang. Ein urtümliches Krokodil. Hatte nur einen kurzen Kopf und verhältnismäßig lange Beine. Erbeutete Kriechtiere und Lurche, die ans Wasser kamen. Nordamerika.

**◀ Metriorhynchus**

Etwa 4 m lang. Lebte im Gegensatz zu den heutigen Krokodilen im Meerwasser und konnte gut schwimmen. Hatte flossenförmige Füße und eine große Schwanzflosse. Konnte mit seinen scharfen Zähnen Fische ergreifen. England.

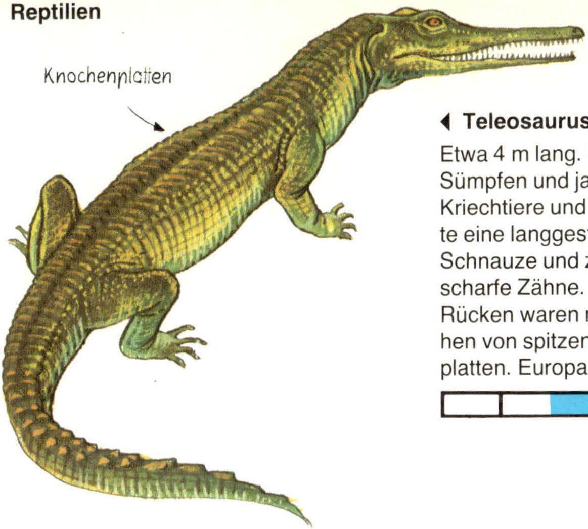


### Teleosaurus

Etwa 4 m lang. Lebte an Sümpfen und jagte Fische, Kriechtiere und Lurche. Hatte eine langgestreckte Schnauze und zahlreiche scharfe Zähne. Über dem Rücken waren mehrere Reihen von spitzen Knochenplatten. Europa, Afrika.

### Bernissartia

Etwa 60 cm lang. Wurde zuerst in Bernissart entdeckt und mit Skeletten von Iguanodon zusammen gefunden. Hatte stumpfe Zähne und ernährte sich wahrscheinlich von Muscheln und Schnekken sowie von toten Tieren. Belgien, England.

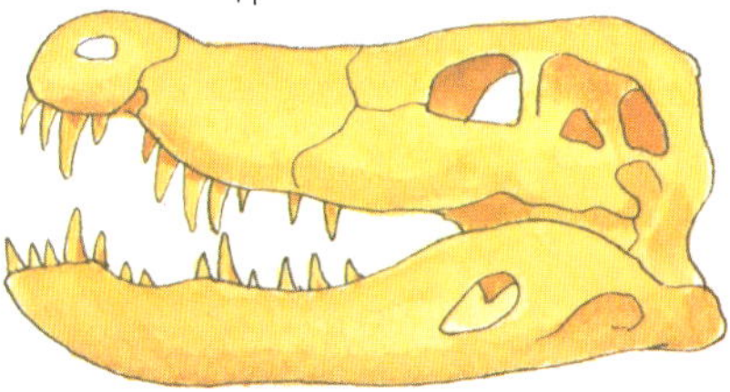


### Deinosuchus

Etwa 13-15 m lang. Von diesem Tier ist nur der Kopf bekannt, der mehr als 2 m lang war. Lebte an Gewässern und jagte vielleicht Saurier die zur Tränke kamen. Nordamerika.

# Fischechsen

Es gibt mehrere Gruppen von Echsen, die ins Meer zurückkehrten. Manche schwammen wie Fische (Fischechsen), andere ruderten durch das Wasser (Flossenechsen).

### ▸ Mixosaurus

2-3 m lang. Eine urtümliche Fischechse mit einem Flossensaum am Schwanz und gut ausgebildeten Flossen. Die langgestreckten Kiefer hatten viele spitze Zähne, mit denen Fische ergriffen wurden. Europa.

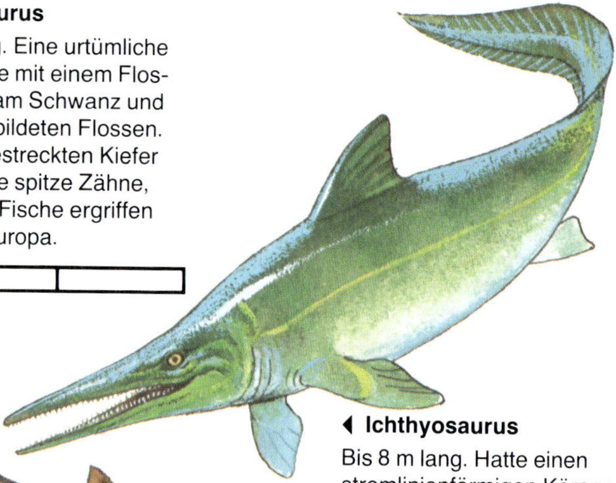

### ◂ Ichthyosaurus

Bis 8 m lang. Hatte einen stromlinienförmigen Körper und konnte schnell schwimmen. Der Antrieb erfolgte durch die große Schwanzflosse, die seitlich bewegt wurde. Man hat auch Jungtiere im Körper der Muttertiere gefunden. Europa.

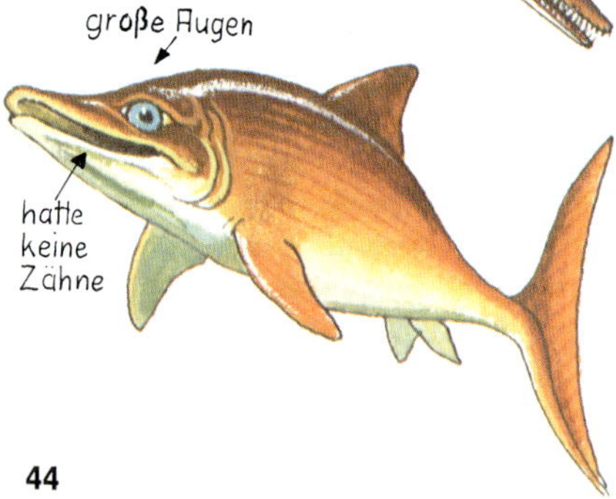


### ◂ Ophthalmosaurus

4-5 m lang. Hatte auffallend große Augen und einen langen und breiten Kopf. Die Kiefer enthielten keine Zähne, das Tier verschlang wahrscheinlich Tintenfische. Europa.

**▲ Nothosaurus**

Etwa 3 m lang. Lebte im Meer, kam aber ans Ufer, um die Eier abzulegen. Hatte zahlreiche spitze Zähne und jagte Fische. Europa, Asien, Afrika.

**◀ Plesiosaurus**

Bis 9 m lang. Schwamm rudernd durch das Wasser und bewegte sich wie eine Meeresschildkröte. Hatte einen langen Hals und dadurch eine große Reichweite, um Fische zu schnappen. Europa.

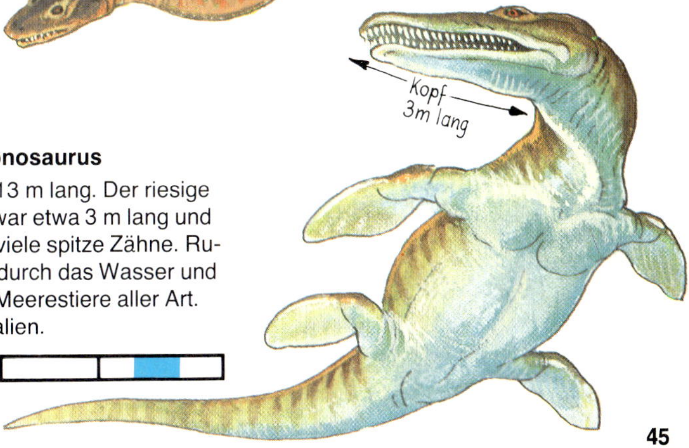


**▶ Kronosaurus**

Etwa 13 m lang. Der riesige Kopf war etwa 3 m lang und hatte viele spitze Zähne. Ruderte durch das Wasser und jagte Meerestiere aller Art. Australien.

# Der Urvogel

▸ **Archaeopteryx**

Körperlänge 20 cm. Wurde erstmals 1861 in Solnhofen gefunden. War einem Reptil sehr ähnlich, hatte Zähne, Flügelkrallen und einen langen Schwanz. Gehört aber wegen seiner Federn eindeutig zu den Vögeln. Konnte nur über kurze Strecken flattern und hatte nur schwach ausgebildete Flugmuskeln. Stammform aller Vögel. Deutschland.

# Urtümliche Säugetiere

In der Triaszeit entstanden nicht nur die Dinosaurier, sondern auch die Vorfahren der Säugetiere. Sie entwickelten sich aus säugetierähnlichen Reptilien.

## ▸ Cynognathus

Etwa 2 m lang. Erinnert in der Haltung an einen Boxerhund. Hatte wie alle Säugetiere verschiedene Arten von Zähnen, die bei den Reptilien noch alle gleich sind. Die Haut war jedoch unbehaart. Afrika.

## ◂ Thrinaxodon

Etwa 40 cm lang. War einem Säugetier bereits ähnlicher als Cynognathus. Hatte verschieden geformte Zähne, Tasthaare an der Schnauze und vielleicht eine dicht behaarte Haut. Südafrika.

## ▸ Megazostrodon

Körperlänge 6-8 cm. Ist eindeutig zu den Säugetieren zu zählen. Gehörte zu den Warmblütern und brachte lebendige Junge zur Welt. Hatte ein gut ausgebildetes Gebiß und jagte Insekten. War einer Spitzmaus ähnlich. Südafrika.

# Andere häufige Versteinerungen

**▶ Farne**

Die meisten und größten Farne gab es in der Steinkohlenzeit. Abdrücke von ihren Blättern sind nicht selten und zusammen mit den urtümlichen Lurchen zu finden. Farne gehörten zur Nahrung vieler pflanzenfressender Dinosaurier.

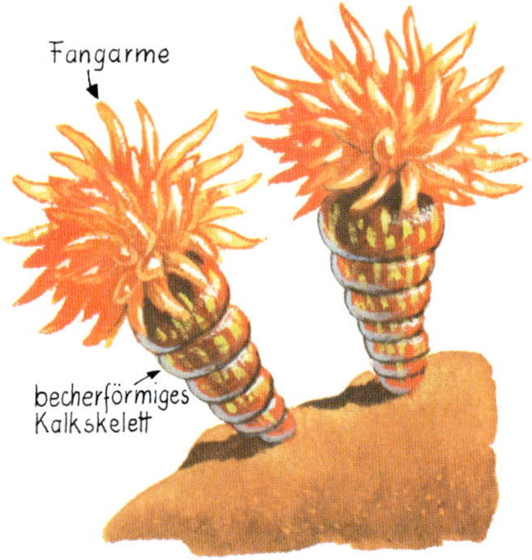


**◀ Korallen**

Diese Tiere gab es bereits im Erdaltertum, sie kamen sowohl einzeln als auch in Kolonien vor. Die heutigen Vertreter gehören zu den Riffkorallen. Die abgebildete Einzelkoralle hatte ein Skelett aus Kalk, aus dem die zahlreichen Fangarme oben herausragten.

**▶ Armfüßer**

Diese Tiere kamen bereits im Erdaltertum vor. Ihr Körper steckte in einem Gehäuse aus einer Bauch- und einer Rückenklappe. Die Tiere saßen mit einem Stiel am Untergrund fest. Sie filterten ihre Nahrung aus dem Wasser.

▶ **Schnecken**

Diese Gruppe der Weichtiere gab es bereits im Erdaltertum. Ihre Schale ist napfförmig oder spiralig aufgerollt, und das Tier kann sich darin zurückziehen. Die meisten Arten lebten im Erdmittelalter und in der Erdneuzeit.

◀ **Muscheln**

Der Körper dieser Weichtiere wird von 2 Schalen bedeckt, die der linken und rechten Körperseite anliegen (Gegensatz zu den Armfüßern). Die Tiere leben in Gewässern und filtern ihre Nahrung aus dem Wasser. Muscheln gab es bereits im Erdaltertum, sie kamen in allen folgenden Zeitaltern vor.

▶ **Kopffüßer**

Diese Gruppe der Weichtiere hatte im Erdaltertum ihre größte Formenfülle. Es gab Tiere mit geradem und mit spiralig gerolltem Gehäuse. Zu den letzteren gehören die Ammoniten, die in der Kreidezeit ausstarben, aber häufige Fossilien sind.

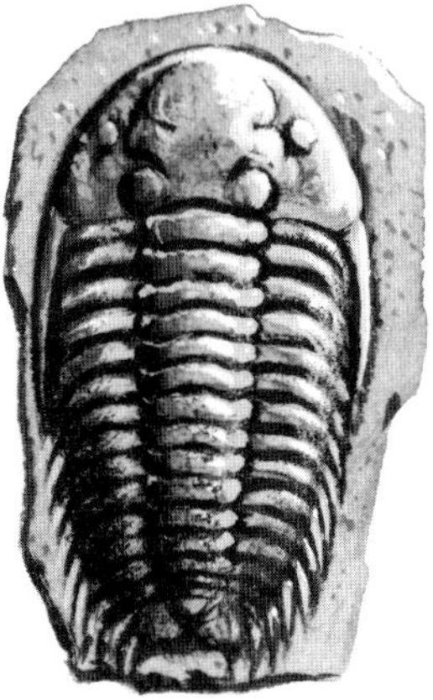

### ▸ Dreilapper

Werden auch Trilobiten genannt. Gehören mit den Insekten und Krebsen zusammen zu den Gliederfüßern. Hatten einen großen Kopfschild, einen gegliederten Körper und einen kleineren Schwanzschild. Die Tiere lebten im Wasser und starben bereits in der Permzeit aus.

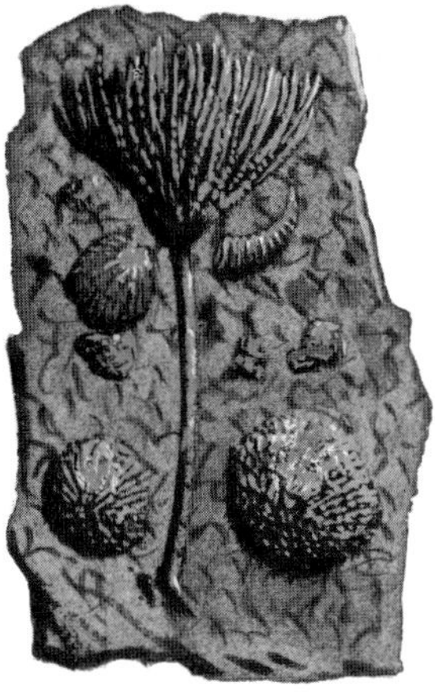

### ◂ Seelilien

Diese Tiere gehören zu den Stachelhäutern (wie Seeigel und Seesterne). Sie sind mit einem Stiel am Meeresboden verankert und filtern schwebende Pflanzen und Tiere aus dem Wasser. Seit dem Erdaltertum.

### ▸ Versteinerungen von Wirbeltieren

Solche Versteinerungen sind in Gesteinen, die durch Ablagerungen entstanden sind, nicht selten. Aber man findet kaum ein vollständiges Skelett, sondern meist nur Zähne und Knochenteile. Sie sind schwer zu bestimmen.

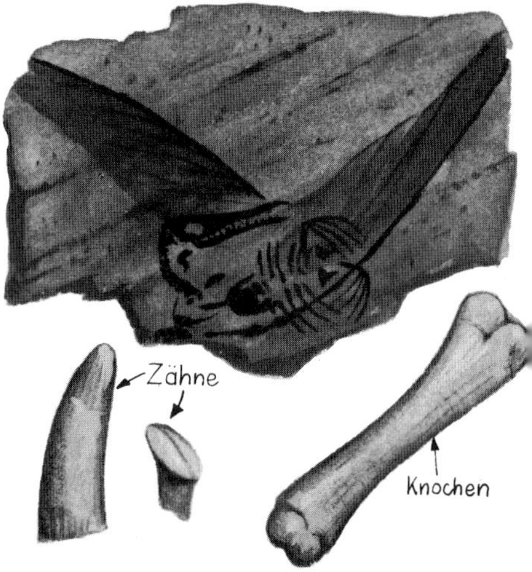

# Lebende Fossilien

**◀ Brückenechse**

Die einzige heute lebende Art einer Tiergruppe, die im Erdmittelalter weit verbreitet und häufig war. Kommt nur auf Inseln vor der Küste Neuseelands vor.

**◀ Nautilus**

Dieser Kopffüßer ist der letzte Nachkomme einer großen Gruppe, die mit den Ammoniten verwandt ist. Er lebt in einer in Kammern gegliederten Schale. Indischer Ozean.

**▶ Quastenflosser**

Dieser Fisch war schon lange versteinert bekannt. Man glaubte, daß er vor 70 Millionen Jahren ausgestorben sei. 1938 wurde er im Indischen Ozean zum ersten Mal lebend gefangen! Er ist mit Eusthenopteron verwandt (siehe Seite 15).

**▶ Armfüßer**

Von dieser Gruppe gibt es heute in Küstengewässern der warmen Meere noch etwa 250 Arten, während über 10 000 ausgestorben sind (siehe Seite 48). Armfüßer gab es bereits im Erdaltertum, im Kambrium.

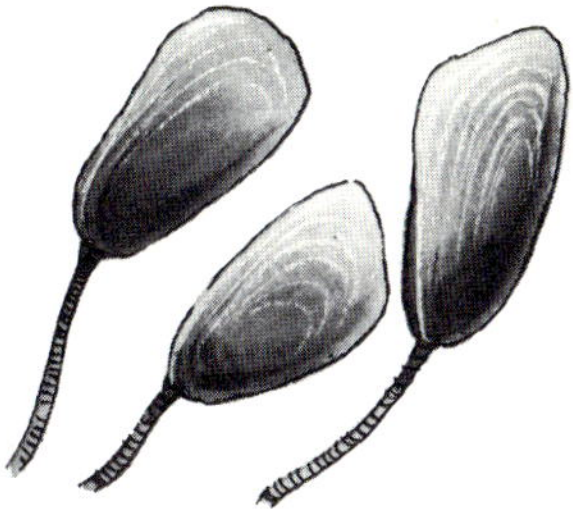

# Wir suchen Versteinerungen

Versteinerungen findet man in Ablagerungsgesteinen wie Kalk, Sandstein, Tonschiefer und anderen. Wenn du in deiner näheren Umgebung keine Stelle kennst, an der solche Gesteine an die Erdoberfläche kommen, so frage deinen Lehrer danach. Er wird dir sicher anhand einer geologischen Karte einige Plätze zeigen können.

An Ort und Stelle mußt du dich nun umsehen, wo die Erde tief aufgegraben wird, z. B. beim Bau von Straßen und Häusern, oder wo Gestein abgebaut wird. Alle diese Baustellen sind aber gefährlich, deshalb darfst du niemals ohne einen Erwachsenen eine solche Stelle betreten. Außerdem mußt du die Erlaubnis des Besitzers haben!

**Ausrüstung**

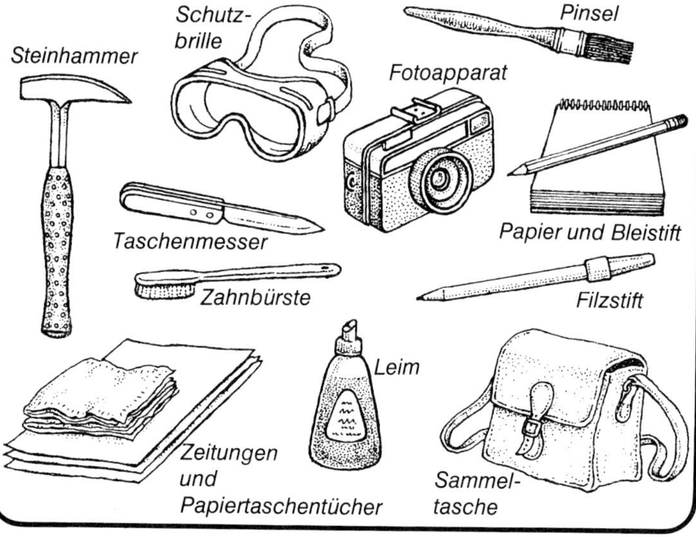


**Notiere deinen Fund**

Wenn du eine Versteinerung gefunden hast, schreibe mit Filzstift eine Nummer auf das Stück. Trage die Nummer, das Datum und den Fundort in ein Notizbuch ein. Zu Hause schreibst du ein Etikett und legst es zu deinem Fund.

**Die Behandlung von Versteinerungen**

Wenn du eine Versteinerung gefunden hast, so mußt du versuchen, sie vorsichtig vom Gestein loszubrechen. Achte darauf, daß du sie nicht mit dem Hammer zerschlägst, paß aber auch auf deine Finger und Augen auf. Benutze den Hammer nur, wenn du eine Schutzbrille aufhast.

Jetzt säuberst du die Versteinerung mit einer Zahnbürste und einem Pinsel, bis alles lockere Material entfernt ist. Schreibe mit dem Filzstift eine Nummer auf die Rückseite des Stückes und wickle es in Papiertaschentücher und dann in Zeitungen ein. Dann steckst du es in die Sammeltasche.

Wenn du eine große Versteinerung findest, die viel zu groß ist, um sie allein zu bergen, so solltest du die Fundstelle durch einen Zweig oder ähnliches kenntlich machen und deinen Fund dem nächsten Naturkundemuseum melden. Die Wissenschaftler können dann entscheiden, ob du einen wichtigen Fund gemacht hast.

**Wie du eine Sammlung anlegen kannst**

Wenn du bereits mehrere Versteinerungen hast, so mußt du dir überlegen, wie du sie aufbewahren kannst, ohne daß sie zerfallen. Am

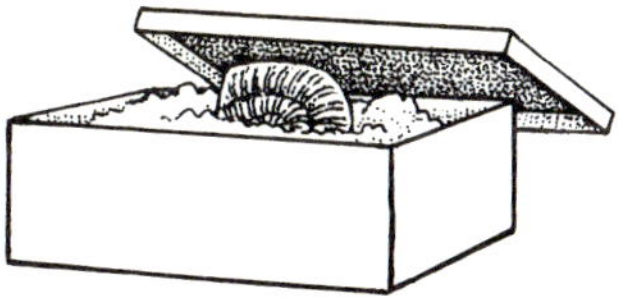

besten suchst du verschieden große Schachteln aus Pappe oder Plastik. Den Deckel kannst du entfernen, er wird nicht mehr gebraucht. Schneide das Etikett passend und lege es auf den Boden der Schachtel. Anschließend polsterst du diese mit einem oder mehreren Papiertaschentüchern aus, und dann legst du die Versteinerung vorsichtig hinein. Die Schachtel sollte nicht viel größer sein als der Stein, aber keinesfalls kleiner. Die Schachteln stellst du nun dicht nebeneinander in einen Tischkasten oder einen flachen Kasten in einen Schrank. Hier sind sie sicher untergebracht. Wenn sich die Sammlung langsam vergrößert, mußt du deine Funde in verschiedenen Gruppen ordnen. Jetzt empfiehlt es sich, in jede Schachtel einen kleinen Pappstreifen mit dem Namen zu stellen.

# Eine Versteinerung wird geborgen

1. Nur mit einiger Übung kann man eine Versteinerung erkennen, die noch von Erdschichten bedeckt ist. Auf diesem Bild sind nur die Reste abgebrochener Rippen zu erkennen (beachte die Pfeile), während die übrigen Reste in der Erde stecken.

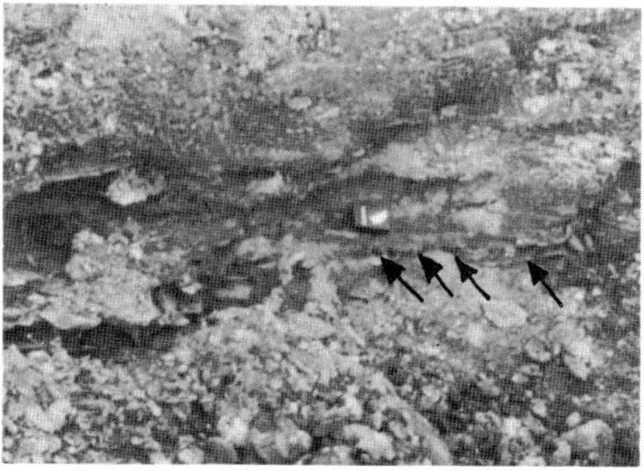

2. Als erstes räumen die Paläontologen (Wissenschaftler, die versteinerte Pflanzen und Tiere untersuchen) die oberen Erdschichten ab. Dazu verwenden sie zuerst Pickeln und Schaufeln, dann nur noch Hammer und Meißel.

3. Wenn die Umrisse des versteinerten Tieres freigelegt sind, wird die Oberfläche mit Spachtel und Pinsel gesäubert. Die Größe dieses Tieres läßt sich an dem darauf liegenden Messer erkennen.

4. Als nächstes muß die Versteinerung nun von den darunterliegenden Schichten gelöst werden. Die Wissenschaftler graben zuerst Tunnel in das Gestein, die allmählich verbreitert werden, bis nur noch einzelne Säulen stehenbleiben.

5. Jetzt wordon größere Teile der Versteinerung einzeln angehoben und von den letzten Säulen gelöst. Damit sie beim Transport nicht beschädigt werden oder zerfallen, werden sie in Gips eingegossen. Heute verwendet man auch Einbettungsmittel aus Kunststoff dazu.

6. Wenn alle Teile geborgen und gesichert sind, werden sie beschriftet, damit sie wieder in der richtigen Reihenfolge zusammengesetzt werden können. Die weitere Bearbeitung erfolgt in besonderen Labors, die mit vielen Spezialinstrumenten ausgestattet sind.

# Zwei Fragen zur Entwicklungsgeschichte

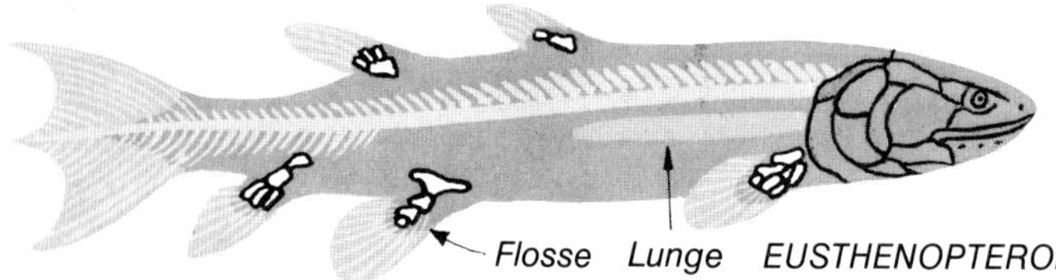


**1. Die Entwicklung zum Landbewohner**

Es ist schwer vorstellbar, daß sich ein Fisch zu einem Landbewohnenden Vierbeiner entwickelt, aber genau das ist in der Devonzeit, vor etwa 400-350 Millionen Jahren, geschehen. Ohne diesen gewaltigen Entwicklungsprozeß würde es weder Lurche noch Kriechtiere,

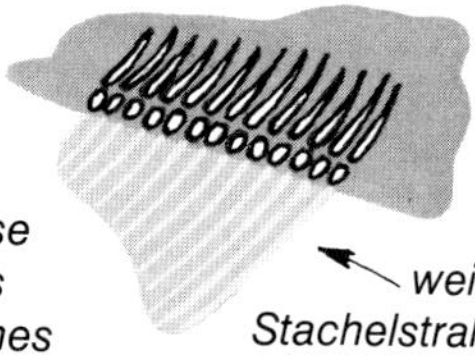


weder Vögel noch Säugetiere geben. Die Entwicklung zu den landbewohnenden Lurchen ging von einer bestimmten Gruppe der Fische aus, von den Quastenflossern, zu denen auch Eusthenopteron gehört. Viele Körperorgane eines Quastenflossers mußten umgebildet oder sogar neu entwickelt werden. Aus den Flossen, die im unteren Teil kräftige Muskeln und einige Knochen aufwiesen, mußten Beine entstehen. Zum Atmen von Luft mußten Lungen entwickelt werden. Sicher nahm dieser Prozeß viele Millionen Jahre in Anspruch. Zu den urtümlichen Lurchen, die auf diese Weise entstanden, gehört z. B. Ichthyostega.

Auf die Frage, warum manche Tiere überhaupt das Wasser verließen und zu Landbewohnern wurden, gibt es mehrere Antworten. Vielleicht wollten sie ihren Feinden ausweichen, von denen es in den Gewässern sicherlich eine große Anzahl gab. Bestimmt kamen sie aber auf das Land, weil es hier ein großes Futterangebot gab. Millionen Jahre früher war es den Pflanzen ebenfalls gelungen, Formen zu entwickeln, die anfangs auf sumpfigen Böden, später auch auf trockeneren Stellen wachsen konnten. Für die Pflanzenfresser gab es also ein reiches Nahrungsangebot, aber auch die Fleischfresser kamen nicht zu kurz, denn hier gab es auch zahlreiche Insekten.

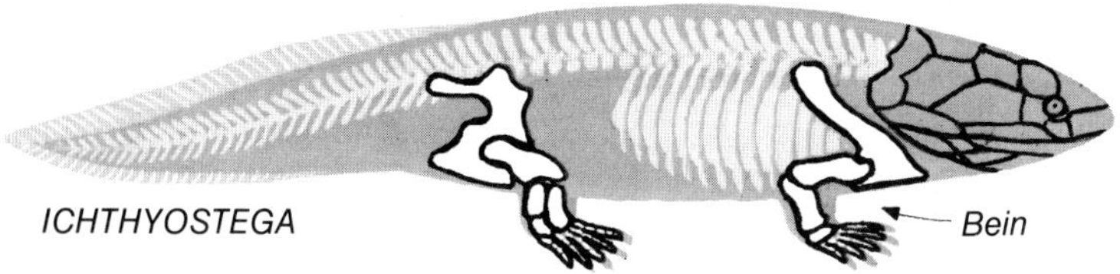

## 2. Die Entstehung der Vögel

Ein anderer wichtiger Schritt in der Entwicklungsgeschichte der Tiere ist die Entstehung der Vögel. Durch den Fund des Urvogels Archaeopteryx (siehe Seite 46) gibt es gar keinen Zweifel, daß die Vögel von den Reptilien abstammen. Unsicherheit besteht nur darüber, aus welcher Gruppe der Reptilien sie entstanden sind. Manche Wissenschaftler nehmen an, daß es sich um eine Gruppe der Reptilien handelt, von der bereits die Vorfahren der Dinosaurier, aber auch die Krokodile und die Flugsaurier abstammen. Hier kämen vielleicht die Ursaurier in Betracht, die mit Euparkeria verwandt sind. In neuerer Zeit wird auch die Ansicht vertreten, daß manche Raubsaurier (z. B. die auf den Seiten 19-22 abgebildeten) die Vorfahren der Vögel sind. Tatsächlich ist bei den Skeletten von Archaeopteryx und Compsognatus eine große Übereinstimmung festzustellen. Von den heute lebenden Reptilien sind die Krokodile am nächsten mit den Vögeln verwandt.

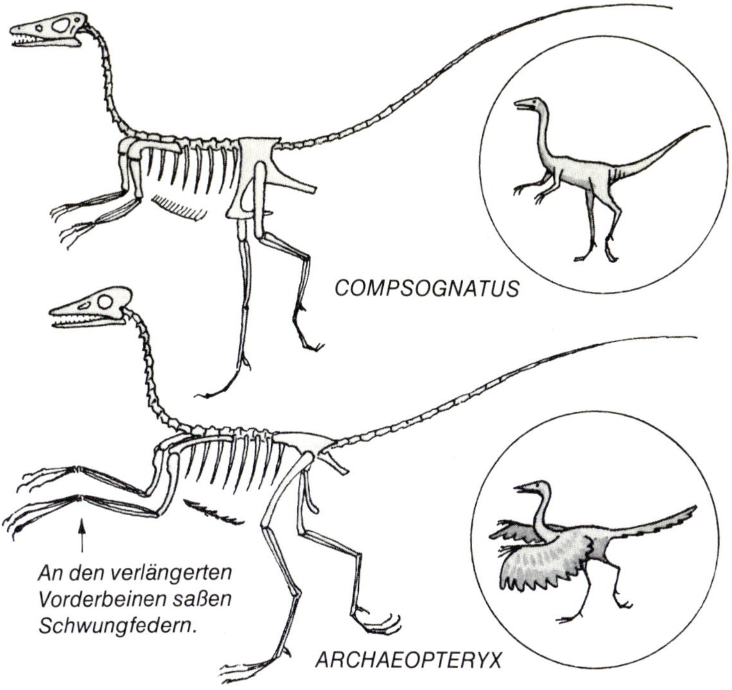

# Warum starben die Dinosaurier aus?

Viele Millionen Jahre lang waren die Saurier die beherrschenden Tiere der Welt. Sie lebten nicht nur auf dem Lande, sondern kehrten in das Meer zurück und entwickelten Formen, die Fischen ähnlich waren. Andere eroberten den Luftraum, in dem sie, mit Flughäuten versehen, durch die Lüfte segelten. In vielem erinnern sie an die heute so erfolgreichen Säugetiere, von denen es ebenfalls Raubtiere und Pflanzenfresser auf dem Lande, fischähnliche Formen im Meer (Delphine) und in der Luft flatternde Tiere (Fledermäuse) gibt. Aber ganz plötzlich ging das Zeitalter der Saurier zu Ende, und vor etwa 65 Millionen Jahren starben sie ohne Ausnahme aus.

Bis auf den heutigen Tag weiß niemand den Grund dafür. Eine häufig geäußerte Ansicht ist, daß die in der Kreidezeit vorkommenden rattenähnlichen Säugetiere die Eier der Dinosaurier auffraßen. Auch manche Raubsaurier die Ornithomimus (siehe Seite 21) ernährten sich vermutlich von solchen Eiern. Das kann mit ein Grund für das Aussterben der Dinosaurier gewesen sein, erklärt aber nicht das Verschwinden der Fischechsen und Flossenechsen.

Eine andere Theorie sieht den Grund im Wechsel der Pflanzendecke. Im Erdmittelalter waren Schachtelhalme, Palmfarne und Nadelbäume weit verbreitet. In der Kreidezeit entwickelte sich jedoch ein neuer Typ von Pflanzen, der Blüten und Früchte hatte, und breitete sich schnell aus. Vielleicht konnten die pflanzenfressenden Dinosaurier diese neue Nahrung nicht vertragen. Als sie ausstarben, hatten auch die Raubsaurier keine Nahrung. Aber auch hier bleibt die Frage nach dem Aussterben der Meeresechsen offen.

*Megazostrodon ernährte sich von Dinosauriereiern.*

Die folgende Theorie ist schon einleuchtender. Sie geht davon aus, daß durch die Explosion eines Sternes in der Nähe unseres Sonnensystems radioaktive Strahlung auf die Erdoberfläche kam, die einen Teil der Lebewesen vernichtete oder so stark beeinträchtigte, daß diese sich nicht mehr vermehren konnten. Auch hier wären die Landtiere wesentlich stärker betroffen als die Meerestiere, da das Wasser einen gewissen Schutz geboten hätte. Aber auch im Wasser wären die an der Oberfläche lebenden Algen betroffen worden. Wenn diese kleinen schwebenden Pflanzen fehlten, so konnten auch die pflanzenfressenden Fische nicht überleben, und mit ihnen verschwand auch die Nahrung für die fleischfressenden Meeresechsen. Diese Theorie würde also auch das Aussterben der Meeresbewohner unter den Dinosauriern einschließen.

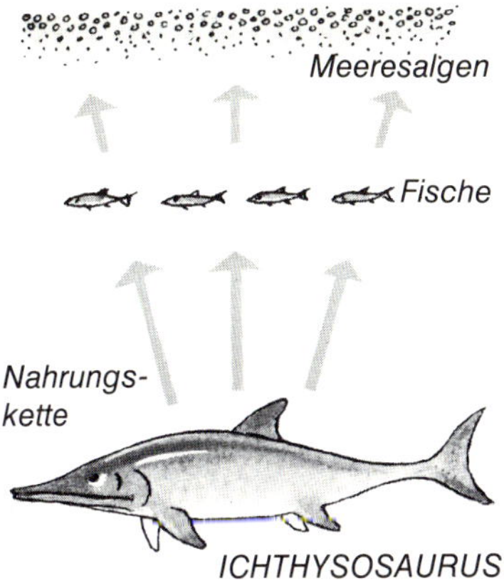


Eine andere Theorie ist auf die Kontinentalverschiebung (siehe Seite 5-7) begründet. In der Kreidezeit spalteten sich die vorher riesigen Kontinente auf und wanderten auseinander. Dadurch entstanden neue Ozeane und Meeresströmungen, die das Klima wesentlich verändert haben könnten. Dabei könnte gegen Ende der Kreidezeit eine Kälteperiode eingesetzt haben, die die Dinosaurier nicht überstehen konnten. Im Gegensatz zu den Säugetieren war ihre Haut nicht durch ein Fell ge-

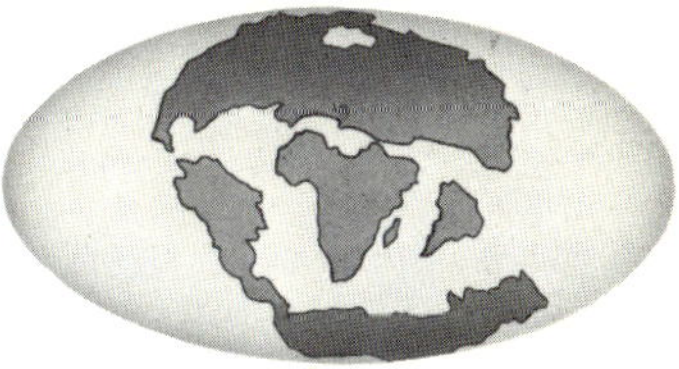

schützt, und ihre Körpertemperatur war weitgehend von der der Umgebung abhängig. Diese Abkühlung könnte sich auch auf die Meeresalgen ausgewirkt haben und damit die Nahrungskette im Meer zerstört haben. Tatsächlich sind während dieser Zeit viele Formen von pflanzlichem Plankton ausgestorben. Heute schließt man auch nicht aus, daß eine Kälteperiode entstanden sein könnte, als das ganze Sonnensystem durch einen Kometenschweif flog. Vielleicht finden die Wissenschaftler eines Tages deutlichere Hinweise, die das plötzliche Aussterben der Dinosaurier erklären.

# Wichtige Museen und Sammlungen

**Bundesrepublik Deutschland**

**Niedersächsisches Landesmuseum**
30169 Hannover, Am Maschpark
**Roemer-Pelizaeus-Museum**
31134 Hildesheim, Am Steine 1
**Staatliches Naturhistorisches Museum**
38106 Braunschweig, Pockelsstr. 10a
**Naturkundemuseum im Ottoneum**
34117 Kassel, Steinweg 2

**Museum für Ur- und Ortsgeschichte**
46236 Bottrop, Im Stadtgarten
**Westfälisches Landesmuseum für Naturkunde**
48149 Münster,
Himmelreichallee 50
**Naturwissenschaftliches Museum**
49074 Osnabrück,
Heger-Tor-Wall 27
**Lippisches Landesmuseum**
32756 Detmold, Ameide 4

**Zoologisches Forschungsinstitut und Museum Koenig**
53113 Bonn, Adenauerallee 150–164
**Landesmuseum**
56077 Koblenz, Festung
Ehrenbreitstein
**Fuhlrott-Museum**
42103 Wuppertal 1,
Auer Schulstr. 21

**Naturmuseum und Forschungsinstitut Senckenberg**
60325 Frankfurt/M.,
Senckenberg-Anlage 25

**Hessisches Landesmuseum**
64283 Darmstadt, Friedensplatz 1
**Naturhistorisches Museum**
55116 Mainz, Reichklarastr. 1

**Staatliches Museum für Naturkunde**
70173 Stuttgart, Schloß Rosenstein
**Museum Hauff**
73271 Holzmaden-Teck
**Städtisches Naturkundliches Museum**
73035 Göppingen, Boller Straße 102
**Landessammlungen für Naturkunde**
76133 Karlsruhe, Erbprinzenstr. 13
**Museum für Naturkunde**
79098 Freiburg, Gerberau 32
**Museum am Burghof**
79540 Lörrach, Baseler Straße 143

**Naturwissenschaftliches Museum**
96450 Coburg, Park 6
**Jura-Museum**
85072 Eichstätt, Willibaldsburg

**Österreich**

**Naturhistorisches Museum**
A-1000 Wien
**Haus der Natur**
A-5020 Salzburg

**Schweiz**

**Naturhistorisches Museum**
CH-4000 Basel
**Paläontologisches Institut und Museum der Universität**
CH-8000 Zürich

# Verzeichnis der Fachworte

**Farne** sind eine Gruppe der Blütenlosen Pflanzen. Ihre Blätter sind oft sehr groß und zerschlitzt, sie werden Wedel genannt.

**Fleischfresser** sind Tiere, die sich ausschließlich vom Fleisch anderer Tiere ernähren. Ihre Zähne sind meist spitz und scharf.

**Gliederfüßer** sind eine Gruppe der Gliedertiere. Zu ihnen gehören mehr als 1 Million Arten, z. B. die Insekten, Spinnen und Krebse.

**Gliedertiere** sind eine Gruppe der Wirbellosen Tiere. Ihr Körper ist in mehrere hintereinander liegende Abschnitte geteilt. Die wichtigsten Gliedertiere sind die Ringelwürmer und die Gliederfüßer.

**Kontinente** sind große Schollen der Erdkruste, die auf dem flüssigen Gesteinsmantel der Erde schwimmen. Sie ragen als Festländer aus den Meeren.

**Korallen** sind eine Gruppe der Wirbellosen Tiere. Sie leben oft in Kolonien. Das einzelne Tier wird Polyp genannt. Es besteht aus einem nach oben offenen, sackartigen Körper, der von Fangarmen umgeben ist. Alle Arten leben im Meer.

**Kralle,** ein spitzes Gebilde aus Horn, das am Ende der Zehen vieler Reptilien, Vögel und Säugetere steht.

**Lunge,** Atmungsorgan der Tiere, die Luft atmen.

**Palmfarne** sind eine Gruppe der Nacktsamer. Ihre Blätter sehen Farmwedeln ähnlich.

**Pflanzenfresser** sind Tiere, die sich ausschließlich von Pflanzenteilen ernähren. Ihre Zähne sind meist groß und flach.

**Plankton,** im Wasser schwebende winzig kleine Pflanzen und Tiere.

**Schachtelhalme** sind eine Gruppe der Farnpflanzen. Ihr Stengel ist in viele Teile gegliedert, die Blätter sind schuppenförmig.

**Schädel,** der Teil des Skelettes der Wirbeltiere, der den Kopf bildet. Er schützt das Gehirn und die Sinnesorgane (Ohren, Augen, Nase).

**Skelett** nennt man die Gesamtheit der Knochen der Wirbeltiere. Bei den Wirbellosen werden die Gehäuse, Schalen und andere Stützorgane so bezeichnet.

**Warmblüter** sind Vögel und Säugetiere. Sie haben eine gleichbleibende Körpertemperatur.

**Wechselwarmblüter** sind Amphibien und Reptilien. Ihre Körpertemperatur hängt von der Temperatur der Umgebung ab.

**Zähne** sind harte Gebilde in der Mundhöhle viele Wirbeltiere, die zum Kauen verwendet werden.

# Namensverzeichnis

# RTB Bestimmungsbücher

**RTB 491**

**RTB 492**

**RTB 496**

**RTB 540**

**RTB 541**

**RTB 706**

Ravensburger TaschenBücher